FREDRICK KAYUSI
Srinivas Kasulla
S. J. Malik Petros Chavula

SERVIÇOS DE INFORMAÇÃO CLIMÁTICA (CIS)

FREDRICK KAYUSI
Srinivas Kasulla
S. J. Malik Petros Chavula

SERVIÇOS DE INFORMAÇÃO CLIMÁTICA (CIS)

Uma ferramenta vital para a resiliência climática de África

ScienciaScripts

Imprint

Cover image: www.ingimage.com

This book is a translation from the original published under ISBN 978-620-4-74169-7.

Publisher:
Sciencia Scripts
is a trademark of
Dodo Books Indian Ocean Ltd. and OmniScriptum S.R.L publishing group

120 High Road, East Finchley, London, N2 9ED, United Kingdom
Str. Armeneasca 28/1, office 1, Chisinau MD-2012, Republic of Moldova, Europe
Managing Directors: Ieva Konstantinova, Victoria Ursu
info@omniscriptum.com

Printed at: see last page
ISBN: 978-620-8-56034-8

Serviços de Informação Climática (CIS):

Uma ferramenta vital para a resiliência climática de África

Fredrick Kayusi[1*], Srinivas Kasulla[2], S J Malik[3], Petros Chavula[4]

1: *Departamento de Ciências Ambientais, Escola de Ciências Ambientais e da Terra, Universidade de Pwani, Kilifi, Quénia.* Correio eletrónico : kayusifredrick@gmail.com

2: *Arka BRENStech Private Limited, Gurugram, Haryana, Índia.* Email: srinivaskasulla@gmail.com ; *Contacto*: +918317585217

3: *Arka BRENStech Private Limited, Gurugram, Haryana, Índia.* Email: *malikpune@gmail.com; Contacto*: +919503255350

4: *Centro Africano de Excelência para a Agricultura Inteligente face ao Clima e Conservação da Biodiversidade, Universidade de Haramaya, Dire-Dawa, Etiópia.* Email:petroschavula@gmail.com ; *Contacto*: +260969791950

*Endereço de correio eletrónico do autor correspondente: kayusifredrick@gmail.com

ÍNDICE DE CONTEÚDO

CAPÍTULO UM

Introdução aos Serviços de Informação Climática (CIS)

Na África Subsariana, prevê-se que as alterações climáticas tragam mudanças críticas que podem afetar os esforços para atingir um desenvolvimento económico sustentado e alcançar os objectivos de desenvolvimento. Alguns dos obstáculos ao crescimento sustentado e à redução da pobreza em África incluem os efeitos adversos das catástrofes relacionadas com o clima, a elevada vulnerabilidade e o desenvolvimento prolongado, em nítido contraste com outras regiões do mundo. Com uma economia largamente baseada na agricultura e uma grande dependência da agricultura de sequeiro para satisfazer a procura de alimentos, a capacidade da maior parte dos agricultores do Sahel para trocarem alternativas de adaptação é muito limitada. Os sistemas agrícolas orientados para a subsistência na África Ocidental, que não estão totalmente desenvolvidos, não dispõem dos recursos financeiros necessários para fazer face a catástrofes meteorológicas extremas mais recorrentes.

Dadas as ligações com as catástrofes provocadas pelo clima, é cada vez mais importante que a informação climática esteja disponível e que os potenciais utilizadores compreendam essa informação, bem como acedam, acreditem e utilizem a informação gerada. Nos últimos anos, muito tem sido feito em África para oferecer informação sobre o clima, e a maior parte da informação fornecida tem sido orientada para sistemas de alerta precoce. No entanto, as discussões sobre a informação dos sistemas de alerta precoce têm-se centrado em "como a informação é fornecida", não necessariamente em "como a informação é utilizada". A informação dos sistemas de alerta precoce tem sido predominantemente empurrada e não puxada. Há muita informação de que as pessoas podem necessitar para as ajudar a adaptarem-se a um clima em mudança, para além dos avisos de chuvas fortes e inundações, tais como informação que requer uma compreensão das projecções estatísticas sobre a frequência futura de certos resultados climáticos com base nas ocorrências históricas destes estados climáticos (Kayusi et al., 2024) .

A África, com economias agrícolas e rurais largamente dependentes do clima, salienta a necessidade de aceder a previsões meteorológicas e climáticas precisas para gerir eficazmente os factores de produção para uma produção agrícola e agroindustrial sustentáveis. Foi identificado que um aumento de 1% na exploração dos serviços climáticos poderia contribuir para um crescimento anual de 0,5% do Produto Interno Bruto de África. O investimento em serviços de informação climática, bem como em políticas resistentes ao clima, foi identificado como contribuindo significativamente para uma estratégia abrangente de resiliência climática em África.

Os estudos de peritos sobre a garantia da segurança alimentar centram-se na tomada de decisões por parte dos agricultores, o que exige o acesso a informação atempada, fiável e exacta. A política de capacidade de adaptação desenvolvida no contexto da agricultura utiliza o conceito de acesso a informação climática e meteorológica exacta, suficiente e atempada que possa informar as decisões relativas à encomenda, plantação, aplicação de fertilizantes, agroquímicos, colheita e feiras. Foi sugerida uma adaptação em que os resultados dessas atividades dependem do clima. Foi proposto que as políticas governamentais destinadas a atenuar os efeitos negativos de um declínio da agricultura geral nas comunidades agrícolas reforcem a economia, garantindo um seguro sintético. Os serviços de informação climática reduzem a incerteza inerente à complexidade do risco flutuante e crescente das alterações climáticas, aumentando a produtividade e a resiliência do sector agrícola.

1.1 Definição de Serviços de Informação Climática (SIC)

1.1.1 O que são serviços de informação climática?

Os Serviços de Informação Climática referem-se a sistemas que, no seu conjunto, oferecem dados e informação climática atempada, relevante e fiável a vários utilizadores, comunidades, governos e organizações. Estes serviços sintetizam dados climáticos científicos, tais como previsões meteorológicas, tendências de temperatura, padrões de precipitação e outros dados climáticos relacionados com a investigação, em conhecimentos acionáveis que podem ser utilizados na tomada de decisões (Asrat & Simane, 2018) . O CIS permite aos utilizadores mitigar os riscos relacionados com o clima, planear a adaptação ao clima e tomar medidas preventivas contra fenómenos meteorológicos extremos.

De um modo geral, as informações que o CIS fornece envolvem algumas destas previsões meteorológicas a curto e longo prazo, incluindo, mas não se limitando a, previsões diárias, perspectivas climáticas sazonais, sistemas de alerta precoce de fenómenos extremos como inundações, secas e tempestades, previsões hidrológicas para a gestão dos recursos hídricos, dados climáticos agrícolas, como avisos sobre colheitas e gado, e projecções climáticas para o planeamento de infra-estruturas e a redução do risco de catástrofes (Popoola et al., 2020) .

1.1.2 Importância da informação climática

A variabilidade e as alterações climáticas afectam vários sectores da agricultura, da saúde, dos recursos hídricos, das infra-estruturas e da energia. Por conseguinte, é possível melhorar a resiliência da tomada de decisões nesses sectores, proporcionando às partes interessadas o acesso a informações climáticas corretas e fiáveis. Por exemplo, os agricultores terão o calendário de plantação ideal de acordo com as previsões sazonais e, em seguida, reformularão os seus calendários de plantação para maximizar os rendimentos ou evitar a quebra de colheitas. Os governos das zonas propensas a inundações também podem emitir avisos de evacuação para evitar mortes e reduzir a destruição das infra-estruturas (Damba et al., 2021).

1.2 O papel dos serviços de informação climática na adaptação ao clima

1.2.1 O SIA e a adaptação às alterações climáticas

A adaptação às alterações climáticas consiste em tornar as políticas, os sistemas e as práticas mais fáceis de gerir, a fim de reduzir a vulnerabilidade aos impactos e explorar melhor as oportunidades oferecidas pelas alterações climáticas (Kadi et al., 2011) . A adaptação continua a ser fundamental porque a frequência e a gravidade dos riscos relacionados com o clima, como as ondas de calor, as secas e as chuvas fortes, continuam a aumentar. Por conseguinte, com a informação fornecida pelo SIA, as comunidades e as economias estão sempre mais bem preparadas para se sustentarem a longo prazo.

Isto significa, por exemplo, que o SIA pode permitir ao sector agrícola preparar melhor os agricultores para antecipar as mudanças nos padrões de precipitação, de modo a poderem escolher culturas resistentes à seca ou conceber os seus sistemas de irrigação em conformidade (Singh et al., 2018) . Nas zonas urbanas, os dados do SIA ajudarão a conceber infra-estruturas que possam resistir a fenómenos meteorológicos extremos, como sistemas de drenagem melhorados em zonas propensas a inundações. Assim, o SIA aumentará a capacidade do governo para formular estratégias eficazes de adaptação climática e apoiar respostas eficazes de adaptação por parte das comunidades.

1.2.2 A CEI na redução do risco de catástrofes

Um papel fundamental do CIS é a redução do risco de catástrofes. As catástrofes relacionadas com o clima incluem furacões, inundações e secas que afectam as comunidades, as economias e os ecossistemas. Um sistema de alerta precoce é fundamental para todos os esforços de redução de desastres, e o CIS fornece os dados necessários para alertas oportunos e precisos. De facto, os dados meteorológicos obtidos através do CIS podem prever a chegada de tempestades tropicais antes do seu início, permitindo o início de planos de evacuação ou o reforço de infra-estruturas críticas (McOmber et al., 2013) . Além disso, o SIA oferece dados para restabelecer a situação após a catástrofe e facilita a reconstrução de sistemas resistentes ao clima. Por exemplo, na sequência de uma inundação, o processo de reconstrução dependeria do SIA, o que significa que, ao reconstruir as estruturas, responde a futuros riscos de inundação.

1.2.3 A CEI e a segurança alimentar

É um dos sectores mais afectados pela variabilidade climática: a imprevisibilidade do tempo e a mudança das estações têm um impacto negativo na produção agrícola, causando escassez de alimentos e instabilidade económica em muitas regiões dependentes da agricultura. O SIA facilita aos agricultores uma melhor gestão dos riscos relacionados com a variabilidade climática através das suas previsões sazonais exactas (Owusu et al., 2021) .

Por exemplo, embora o CIS ainda esteja em crescimento em África, onde a agricultura é dominada por pequenos agricultores, tornou-se uma forma de tomada de decisões suplementar para a tomada de decisões agrícolas sobre a plantação, a irrigação ou a colheita. Os avisos prévios avançados sobre as condições de seca ajudarão o agricultor a utilizar variedades de culturas mais resistentes à seca ou a gerir os recursos hídricos de forma muito mais eficiente e sustentável, afirma (Kayusi et al., 2024) . A este respeito, o SIA ajuda a criar resiliência agrícola, bem como segurança alimentar nessas áreas propensas a riscos climáticos.

1.3 Desafios climáticos globais e vulnerabilidades

1.3.1 O impacto das alterações climáticas nos sistemas globais

As alterações climáticas estão a reconfigurar a paisagem física, económica e social do mundo. A temperatura global está a aumentar; os padrões de precipitação estão a mudar; os episódios de fenómenos meteorológicos extremos estão a aumentar. Os efeitos não são uniformes em nenhuma parte do planeta.

Esta situação afectará de forma desproporcionada os países do mundo com rendimentos baixos e médios, especialmente em África, na Ásia e na América Latina, que dependem de sectores sensíveis ao clima, como a agricultura, os recursos hídricos e as pescas, o que os torna muito sensíveis aos efeitos deletérios da alteração dos padrões meteorológicos. As alterações climáticas já estão a agravar as condições no terreno: estão a aprofundar a insegurança alimentar, a pobreza e as deslocações (Selvaraju et al., 2011) . A seca tornou-se mais comum na África Subsariana, com milhões de pessoas a passar fome e a serem deslocadas (Hansen et al., 2018) .

1.3.2 Sectores vulneráveis afectados pelas alterações climáticas

Vários sectores são particularmente vulneráveis aos efeitos das alterações climáticas:

- **Agricultura e segurança alimentar**: A alteração da precipitação altera efetivamente a produtividade da cultura. A temperatura e os fenómenos extremos, incluindo as secas, alteram a produtividade das culturas. As regiões da África Subsariana e do Sul da Ásia são muito sensíveis porque se baseiam essencialmente na agricultura de sequeiro.
- **Recursos hídricos**: As alterações nos padrões de precipitação e o degelo dos glaciares alteram a disponibilidade de água. As regiões dependentes do derretimento da neve ou da estação das chuvas, como os Andes e os Himalaias, enfrentam atualmente uma escassez de água doce.
- **Saúde**: Os vectores de doenças como a malária e a dengue propagar-se-ão mais facilmente sob novas condições de temperatura e humidade. Os fenómenos de calor também trazem preocupações para a saúde, principalmente devido às doenças relacionadas com o calor.

- **Infra-estruturas**: A subida do nível do mar constitui uma ameaça para as infra-estruturas costeiras, enquanto o aumento das inundações, as vagas de calor e os incêndios florestais intensos assolam o interior.
- **Energia**: As alterações da precipitação e a fusão do gelo afectam a disponibilidade de água para a produção de energia hidroelétrica. Os extremos climáticos também danificam as estruturas de energia, por exemplo, as linhas de transmissão.

1.3.3 A variabilidade climática e o seu impacto crescente

Variabilidade climática: A variabilidade climática refere-se às mudanças nas condições climáticas durante um período mais curto, por exemplo, meses e anos. Algumas das causas destes fenómenos são as ocorrências de El Niño e La Niña, que provocam condições meteorológicas extremas na Terra (Balaghi et al., 2010) . Por conseguinte, no caso de um evento El Niño, pode prevalecer uma situação de seca nalgumas zonas, enquanto outras zonas podem sofrer inundações. Uma vez que os processos que dinamizam a variabilidade climática são naturais, as alterações climáticas induzidas pelo homem continuam a amplificar o seu impacto e a produzir fenómenos extremos mais frequentes ou mais graves. O CIS é, por conseguinte, muito importante na gestão dos riscos decorrentes da variabilidade climática. A utilização de previsões relevantes de ocorrências como o El Niño permitirá que os países se preparem antes que tais efeitos se desenvolvam e, assim, reduzam os danos causados. Por exemplo, o SIA pode prever condições de seca com meses de antecedência, o que garante que os agricultores têm tempo suficiente para plantar culturas resistentes à seca ou meios de subsistência alternativos (Aggarwal et al., 2010) .

1.4 A ciência subjacente aos serviços de informação climática

1.4.1 Recolha de dados e monitorização meteorológica

Os dados para os Serviços de Informação Climática devem, portanto, ser recolhidos com base na validade e fiabilidade. As fontes de dados do CIS incluem:

- **Estações meteorológicas**: São estações terrestres que monitorizam dados reais em tempo real sobre a temperatura, a humidade, a velocidade do vento e a precipitação. As estações são colocadas em locais estratégicos para captar o tempo em áreas específicas.
- **Satélites de deteção remota**: Os satélites de deteção remota são uma ferramenta importante para a observação das condições climáticas em grandes áreas. Estão a fornecer muitos produtos de dados, como a cobertura de nuvens, a temperatura da superfície do mar e a cobertura de gelo. É essencial monitorizar e observar fenómenos como o El Niño e as mudanças que ocorrem no gelo polar através da deteção remota de dados.
- **Modelos climáticos**: Os modelos climáticos são modelos de simulação por computador que utilizam dados históricos para a previsão de condições climáticas futuras. Os modelos climáticos têm em conta uma grande variedade de variáveis, como as emissões de gases com efeito de estufa, as alterações na utilização dos solos e os padrões de circulação oceânica. São utilizados em aplicações de previsão climática a longo prazo.

1.4.2 Processamento e análise de dados

Uma vez recolhidos, estes dados têm de ser processados e analisados para revelar informações acionáveis. Entre essas preocupações contam-se algoritmos complexos para diversas interações entre várias variáveis climáticas. Os dados de diferentes fontes, desde observações por satélite e sensores terrestres até bóias oceânicas, combinam-se para criar modelos detalhados do clima atual do futuro (Ofoegbu & New, 2022) . As técnicas estatísticas ajudam a estabelecer tendências e até a prever o comportamento futuro dos padrões meteorológicos e das condições climáticas. Assim, o estudo das precipitações passadas ao longo das estações ajuda a prever a probabilidade de situações mais secas mais tarde e permite que os agricultores e os gestores da água tomem decisões adequadas.

1.4.3 Comunicação de informações sobre o clima

É de notar que a comunicação do SIA é essencialmente um meio de ação. Os dados dos meteorologistas e dos cientistas do clima têm de ser transformados em formas de informação mais utilizáveis pelos agricultores, decisores políticos, líderes empresariais e até pelo público em geral. Isto exige não só a simplificação de dados complexos, mas também a garantia de que a informação chega ao público certo através dos canais certos. Por exemplo, na África rural, o CIS é distribuído principalmente através de programas de rádio ou aplicações para telemóveis. Nessas aplicações, os agricultores recebem actualizações meteorológicas diárias e orientações sobre melhores práticas agrícolas. Nas regiões mais desenvolvidas, sofisticados painéis de controlo online e aplicações móveis fornecem informações em tempo real sobre o clima atual (Vermeulen et al., 2012) .

1.4.4 Desafios na recolha e interpretação de dados climáticos

Embora se tenha registado um enorme desenvolvimento na ciência do clima, subsistem muitas questões relacionadas com a recolha, a análise e, finalmente, a divulgação dos dados climáticos:

- **Lacunas de dados:** A baixa densidade em muitas partes do mundo, especialmente nos países em desenvolvimento, leva a lacunas de dados. Este facto prejudica a precisão das previsões climáticas e dificulta a divulgação de informações climáticas localizadas
- **Capacidade técnica:** O processamento e a interpretação dos dados climáticos implicam um contributo profissional e uma tecnologia especiais. A falta de mão de obra treinada e de infra-estruturas para lidar com a explosão de dados sobre parâmetros climáticos é um problema grave nos países em desenvolvimento.
- **Incerteza das previsões:** Embora os modelos climáticos se tenham tornado muito mais complexos com o tempo, as previsões a longo prazo são sempre incertas. Esta incerteza torna inevitável o processo de atuação com base nas previsões climáticas, caso os resultados previstos sejam contraditórios.

1.5 Integração dos serviços de informação climática nas tecnologias modernas

1.5.1 O papel da teledeteção e do SIG

A teledeteção e o SIG são ferramentas de implementação cruciais para o SIA. Este método de teledeteção permite observar grandes tendências através da utilização de imagens de satélites. Estas incluem a desflorestação e a subida do nível do mar. A utilização de dados do espaço permite uma visão mais alargada de acontecimentos que, de outra forma, poderiam ser difíceis de detetar a partir do solo. Entretanto, os dados relacionados com o clima podem ser susceptíveis de análise espacial, facilitada pela tecnologia SIG (Selvaraju et al., 2011) . Os padrões climáticos podem ser visualizados e as ameaças perigosas - áreas de vulnerabilidade causadas por inundações ou secas - podem ser localizadas. Cada vez mais, outros factores socioeconómicos são combinados com dados climáticos através da utilização de ferramentas SIG, fornecendo assim aos decisores regiões prioritárias para intervenção. Por exemplo, pode combinar dados de precipitação com métricas de densidade populacional para identificar áreas com maior risco de inundações, utilizando um sistema SIG integrado no CIS. Esta informação pode então tornar-se extremamente importante para uma boa afetação de recursos na área da preparação para catástrofes ou no planeamento de melhorias das infra-estruturas.

1.5.2 Tecnologia móvel e acessibilidade da CEI

A tecnologia móvel está a mudar a distribuição do CIS, especialmente nas regiões em desenvolvimento com baixa penetração da Internet. Em África, na Ásia e na América Latina, as redes de telemóveis cobrem agora vastas áreas geográficas que permitem a entrega de informação climática diretamente aos agricultores, pescadores e outras pessoas em risco. Algumas plataformas de CIS baseadas em telemóveis fornecem actualizações em tempo real sobre as previsões meteorológicas e sazonais e oferecem aconselhamento agrícola. Por exemplo, o iShamba, no Quénia, fornece dicas por SMS sobre agricultura e previsões meteorológicas aos pequenos agricultores, enquanto a aplicação mKRISHI reúne o agricultor com informações sobre o tempo, os preços de mercado e conselhos de especialistas, todos retirados do contexto indiano (Tall et al., 2018) .

1.5.3 Grandes volumes de dados e aprendizagem automática na CEI

As tecnologias de Big Data e de aprendizagem automática, de forma integrada, estão a mudar a forma como a informação climática é recolhida, analisada e utilizada no CIS. Os algoritmos de aprendizagem automática podem processar grandes volumes de dados climáticos provenientes de várias fontes, identificando padrões e tendências que, de outra forma, seriam difíceis de detetar por um ser humano. Além disso, esses algoritmos melhoram a exatidão das previsões climáticas, aprendendo com dados anteriores e ajustando as previsões de acordo com novas informações (Sorgho et al., 2020) . O CIS pode processar estes enormes volumes gerados por satélites, estações meteorológicas e outros sensores. O SIA poderá fornecer informações mais atempadas e precisas aos utilizadores, permitindo-lhes responder mais rapidamente às alterações climáticas.

1.6 SIA e integração de políticas

1.6.1 Estratégias nacionais para o clima e CEI

Para que o SIA seja eficaz, deve, portanto, ser integrado nas estratégias nacionais de adaptação e mitigação do clima. Um papel importante para os governos é o apoio ao desenvolvimento e fornecimento, através dos quadros políticos e dos recursos necessários para garantir que a informação climática chega onde é mais necessária (Kayusi et al., 2024) . Muitas estratégias climáticas nacionais prevêem a melhoria da infraestrutura meteorológica; o reforço da rede nacional de estações meteorológicas em todo o país; e a formação de pessoal na recolha, processamento e interpretação de dados climáticos. As organizações internacionais, incluindo a ONU e a OMM, colaboram com os governos para aumentar a disponibilidade de dados climáticos globais (Nijp et al., 2019) .

1.6.2 O papel das organizações internacionais no apoio à CEI

Processo de desenvolvimento e difusão do CEI: Os principais actores no processo de organizações internacionais do CIS são os seguintes. Organizações como o Banco Mundial, o Programa das Nações Unidas para o Desenvolvimento (PNUD) e o Quadro Global de Serviços Climáticos (GFCS) oferecem apoio financeiro e técnico aos países dispostos a aplicar o CIS (Zommers et al., 2017) . Por exemplo, os Serviços Climáticos para o Desenvolvimento

Resiliente, lançados pelos EUA com o apoio do Reino Unido e do Banco Mundial, fornecem dados climáticos e ferramentas de apoio à decisão aos países em desenvolvimento. Estas organizações ajudam as regiões vulneráveis a criar resiliência às alterações climáticas através do desenvolvimento do CIS (Sungmin & Park, 2023).

CAPÍTULO DOIS

Serviços de informação climática em África

2.1 Introdução à vulnerabilidade climática de África

A África é uma das regiões mais vulneráveis a nível mundial que enfrentam os impactos negativos das alterações climáticas. Este continente regista uma forte flutuação climática e também uma elevada exposição dos seus habitantes a riscos relacionados com o clima, como secas, inundações e ondas de calor. A vulnerabilidade de África às alterações climáticas resulta da sua geo-localização e das circunstâncias socioeconómicas, juntamente com a sua grande dependência da agricultura e da utilização dos recursos naturais (Liang et al., 2020) . A África está a sofrer o impacto da questão climática, embora represente apenas menos de 4% das emissões globais de gases com efeito de estufa. De acordo com os relatórios do IPCC, muitos países africanos registaram um aumento da temperatura superior à média mundial. Estas alterações foram acompanhadas por mudanças no padrão de precipitação, aumentando a intensidade de fenómenos meteorológicos extremos e a subida do nível do mar (Naidu et al., 2018) .

2.1.1 O estado das alterações climáticas em África

As alterações climáticas manifestam-se com vários impactos em África: por um lado, observou-se um aumento da frequência e da gravidade das secas no Sahel, na África Oriental e na África Austral, em termos de redução da produtividade agrícola e da água disponível. Por outro lado, o aumento da frequência e da intensidade da precipitação afectou negativamente partes da África Ocidental e da África Oriental, caracterizando-se por inundações devastadoras. A subida do nível do mar constitui uma grave ameaça para as zonas costeiras, não só na Nigéria, mas também em Moçambique e no Senegal. Os seus efeitos são a erosão ao longo da costa e a deslocação de pessoas no processo (de Perez et al., 2022) . A agricultura é um dos maiores empregadores na maioria dos países africanos, empregando até 70% da população, o que a torna suscetível aos impactos da variabilidade climática. As alterações climáticas têm impacto nas estações do ano e nas colheitas; por conseguinte, todo o continente tem uma elevada probabilidade de insegurança alimentar. O aumento da temperatura e a alteração dos padrões de precipitação expõem a região a doenças transmitidas por vectores, como a malária e a dengue, que sobrecarregam os sistemas de saúde, já de si sobrecarregados.

2.2 O papel dos Serviços de Informação Climática (CIS) na abordagem dos desafios climáticos de África

Estas vulnerabilidades deram origem ao CIS como um recurso importante para ajudar a nação africana a adaptar-se às alterações climáticas. O CIS significa simplesmente gerar pacotes climáticos, produzindo, empacotando e distribuindo dados e previsões climáticas para melhor equipar os utilizadores nas suas estratégias de tomada de decisões, minimizando assim os efeitos das alterações climáticas e promovendo a resiliência. O CIS fornece informações em tempo real sobre os padrões climáticos, perspectivas climáticas sazonais e alerta precoce de eventos extremos para facilitar a preparação, resposta e recuperação das comunidades dos impactos climáticos (Alfieri et al., 2012) .

2.2.1 O que é que o CIS fornece?

O CIS fornece informações climáticas acionáveis às partes interessadas em vários sectores, incluindo agricultura, gestão de recursos hídricos, infra-estruturas e redução do risco de catástrofes. Os principais componentes do CIS incluem:

- **Previsões meteorológicas:** Previsões meteorológicas a curto prazo, que são fundamentais para o planeamento diário em sectores como a agricultura, os transportes e a energia.
- **Previsões sazonais:** Previsões a longo prazo que ajudam a informar as práticas agrícolas, a gestão da água e as decisões políticas.
- **Sistemas de alerta precoce (EWS):** Alertas para fenómenos meteorológicos extremos, como inundações, secas e tempestades tropicais, que permitem às comunidades tomar medidas de precaução.
- **Projecções climáticas:** Previsões a longo prazo que ajudam a planear o desenvolvimento de infra-estruturas, a urbanização e a gestão do risco de catástrofes.

2.2.2 A importância da CEI para o desenvolvimento de África

Os sectores sensíveis ao clima, como a agricultura, os recursos hídricos, as pescas e a saúde, estão estreitamente associados ao desenvolvimento socioeconómico de África. O CIS fornece os dados necessários para gerir os riscos climáticos e otimizar a tomada de decisões nesses sectores (Zhang, 2020) . O aumento da disponibilidade e da utilização de informações sobre o clima nos países africanos reduzirá as perdas nessas economias baseadas na variabilidade do clima e em fenómenos extremos. Além disso, o SIA permite que as comunidades se tornem resilientes em condições de mudança e é provável que acabem por adotar práticas de desenvolvimento sustentável. Por exemplo, na agricultura, o CIS pode aconselhar os funcionários da extensão agrícola sobre as decisões a tomar durante a plantação, irrigação ou colheita de culturas com base nas perspectivas climáticas sazonais. Isto conduz a um maior rendimento das colheitas e a um menor fracasso das mesmas devido a condições climáticas desfavoráveis. Além disso, os avisos precoces de inundações e secas ajudam o governo a planear antecipadamente a resposta a catástrofes, o que ajuda a preservar vidas e a reduzir as perdas económicas (Li et al., 2010) .

2.3 Adoção de serviços de informação climática em África

Durante a última década, o CIS tem vindo a ganhar ritmo em África à medida que os governos, as organizações de desenvolvimento e as instituições de investigação se apercebem da sua capacidade para aumentar a resiliência climática. Não obstante esta tendência regional geral, diferentes regiões e países estão a avançar na utilização do CIS a um ritmo mais desigual (Kayusi et al., 2024) .

2.3.1 África Oriental: Um líder na implementação do SIA

A adoção do CIS na África Oriental registou um crescimento revolucionário, especialmente em países como o Quénia, a Etiópia e a Tanzânia. Estas nações investiram enormemente no alargamento das redes meteorológicas para melhorar a recolha de dados e as plataformas de comunicação, com a intenção de disseminar o mais possível a informação climática nas populações rurais e urbanas. No Quénia, o KMD desenvolveu plataformas móveis que oferecem previsões meteorológicas em tempo real e aconselhamento agrícola aos agricultores através de SMS. Isto assegurou uma melhor tomada de decisões a nível das explorações agrícolas, ao mesmo tempo que permite a atenuação dos impactos da variabilidade climática (Šakić Trogrlić et al., 2022) .

O governo integrou o SIA na estratégia de Economia Verde Resiliente às Alterações Climáticas (ERRC) na Etiópia, centrando-se na criação de resiliência às alterações climáticas, ao mesmo tempo que cria desenvolvimento económico. Os sistemas de alerta precoce em caso de secas e inundações através do SIA permitiram que os agricultores e pastores da Etiópia se adaptassem a essas alterações climáticas e melhorassem a segurança alimentar e os meios de subsistência (Merz et al., 2020) .

2.3.2 África Ocidental: Aumento da sensibilização para a CEI

Recentemente, a sua utilidade na agricultura e na gestão da água foi valorizada na África Ocidental, particularmente no Senegal, no Gana e no Mali (Cebrián et al., 2020) . O Centro Regional Agrhymet no Níger fornece informações climáticas e agro-meteorológicas aos países da África Ocidental para melhorar a segurança alimentar . As informações fornecidas asseguram a orientação das datas de plantação e de colheita, permitindo tirar o máximo partido da utilização da água e o ajustamento de acordo com os riscos emitidos por pragas e doenças.

2.3.3 África Austral: Ultrapassar as barreiras à adoção do SIA

A instalação de CEI na África Austral é um grande desafio devido às limitadas infra-estruturas, à baixa literacia climática e a uma grave escassez de fundos. No entanto, através de parcerias regionais e do apoio de fundos de doadores, a África do Sul, a Zâmbia e Moçambique já iniciaram acções para este fim. O Centro de Serviços Climáticos da SADC fornece informações climáticas e serviços de alerta precoce aos Estados membros para fins que incluem a redução do risco de catástrofes, a agricultura e a gestão da água (Cebrián & Junyent, 2015) .

A África do Sul tem uma infraestrutura meteorológica relativamente bem desenvolvida e tem tirado partido do CIS para melhorar as suas práticas agrícolas, principalmente na agricultura comercial à escala industrial. Em contrapartida, os agricultores rurais do Malawi e da Zâmbia não dispõem frequentemente de informação climática ou têm um acesso limitado à mesma devido a más telecomunicações e a limitações de recursos para a recolha e entrega de dados (Ndayiragije & Li, 2022) .

2.4 Infraestrutura tecnológica para o CEI em África

As infra-estruturas meteorológicas e as tecnologias de comunicação são as pedras angulares para a implementação eficaz do CIS em África. A maioria dos países africanos enfrenta sérios desafios no desenvolvimento e manutenção das infra-estruturas necessárias para recolher, processar e divulgar dados climáticos.

2.4.1 Redes Meteorológicas e Estações Meteorológicas

Uma rede fiável de estações meteorológicas é essencial para a recolha de dados climáticos corretos e actualizados. No entanto, a densidade de estações meteorológicas na maioria dos países africanos ainda está muito abaixo do padrão recomendado pela OMM. Este facto tem limitado grandemente a capacidade dos serviços meteorológicos nacionais de oferecerem previsões meteorológicas e informações climáticas localizadas precisas. Noutras áreas, as ferramentas antigas, a manutenção inadequada e o baixo financiamento levaram a lacunas na recolha de dados. A este respeito, nos meios rurais da África Subsariana, há uma deficiência de estações meteorológicas , pelo que os membros da comunidade dependem de previsões meteorológicas regionais ou mundiais, que podem não ser pertinentes para a área específica (Hoylman et al., 2022; Huang et al., 2022) .

2.4.2 Conectividade móvel e à Internet

A tecnologia móvel está a transformar os meios através dos quais o CIS é distribuído em toda a África, particularmente em áreas que geralmente têm menos acesso aos meios de comunicação tradicionais, como a rádio ou a televisão. A utilização da Internet na maioria dos países africanos está muito aquém da penetração dos telemóveis. Por conseguinte, as plataformas móveis são um meio robusto através do qual a informação sobre o clima pode ser fornecida. A título de exemplo, a plataforma iShamba da Safaricom no Quénia mantém o agricultor atualizado sobre as actualizações agrícolas e meteorológicas por SMS, dando-lhe assim tempo para tomar decisões informadas e em tempo real sobre o clima (Liang et al., 2020; Zhang, 2020) .

No entanto, a conetividade à Internet continua a ser um desafio na maioria das zonas rurais. O acesso à Internet continua a aumentar relativamente nos centros urbanos africanos, enquanto as comunidades rurais têm, na sua maioria, acesso limitado ou inexistente à Internet, o que se torna um constrangimento à sua disponibilidade para utilizar o CIS para serviços que requerem acesso em linha.

2.4.3 Tecnologias de deteção remota e SIG

A deteção remota e o SIG são ferramentas cada vez mais importantes para a recolha de dados climáticos e para a realização de análises em África. Com as imagens de satélite, o uso da terra e a desflorestação podem agora ser mapeados e apreciados com precisão; a disponibilidade de água pode ser igualmente mapeada, sendo todos estes aspectos considerados cruciais para a compreensão dos impactes das alterações climáticas. Devido às capacidades dos sistemas de informação geográfica, a análise espacial dos dados climáticos pode fornecer aos decisores políticos e aos investigadores áreas de risco significativo de secas, inundações ou outros perigos relacionados com o clima. Numerosas organizações internacionais têm apoiado os países africanos na utilização de tecnologias de deteção remota e SIG. Estas organizações incluem as Nações Unidas e a União Africana. Por exemplo, a iniciativa SERVIR-Africa é uma parceria entre a NASA e a USAID, que oferece dados de observação da terra baseados em satélites para uma melhor resiliência climática em África (Newnham et al., 2017) .

2.5 Barreiras à implementação efectiva do SIA em África

Existem ainda muitos obstáculos que impedem que o SIA seja uma prática eficaz em África para aumentar a resiliência climática.

2.5.1 Infra-estruturas e lacunas de dados

A maioria dos países africanos carece de infra-estruturas meteorológicas suficientes e robustas, combinadas com muito poucos dados climáticos localizados, o que limita a implementação efectiva do CIS (Kayusi et al., 2024) .

Quando as estações meteorológicas e as tecnologias de teledeteção são inadequadas, as previsões climáticas não podem ser geradas de forma eficiente e atempada.

Além disso, para a maioria dos países africanos, existe um enorme défice de dados históricos sobre o clima. Isto normalmente afecta os longos dados necessários para poder determinar e até prever futuros riscos climáticos, fazendo com que o SIA não seja utilizado eficientemente na tomada de decisões.

2.5.2 Informação climática inacessível nas zonas rurais

Os problemas de acesso ao CIS em muitas zonas rurais africanas incluem infra-estruturas de telecomunicações restritas, baixos níveis de literacia e desafios relacionados com o acesso na língua local. Nalgumas zonas, a informação climática é apresentada em formatos a que a maioria da população rural não tem acesso, tais como relatórios técnicos ou plataformas online baseadas na Internet (Prina et al., 2020; Wadoux et al., 2020) .

Outra estratégia para estes desafios tem sido a utilização de plataformas CIS baseadas em telemóveis e estações de rádio comunitárias onde as línguas locais são adoptadas como meio de comunicação. No entanto, ainda há muito a fazer para garantir que a informação climática chegue a todas as populações vulneráveis, especialmente as que estão remotas (Li & Zhang, 2023) .

2.5.3 Literacia climática e reforço das capacidades

A falta de literacia climática entre os agricultores, os decisores políticos e o público implica que o CIS não pode ser efetivamente utilizado. Por exemplo, na maioria dos países africanos, existe uma fraca compreensão de como interpretar a informação climática aplicada e incorporá-la nos processos de tomada de decisão. Isto é particularmente verdade nas zonas rurais, onde os agricultores não estão bem informados e, normalmente, têm menos habilitações para se inscreverem em acções de formação técnica (Botezan et al., 2020; Thellufsen et al., 2020) .

Por outro lado, as iniciativas de reforço de capacidades destinadas a melhorar a literacia climática devem apoiar a utilização eficaz das medidas do SIA. Os governos e as suas agências de desenvolvimento devem também investir em programas de formação destinados a agricultores, administradores locais e outras partes interessadas sobre como interpretar e utilizar a informação climática para reduzir essas ameaças e ser mais resistentes.

2.6 Papel dos governos e das organizações internacionais na CEI Introdução

Os governos nacionais e as agências internacionais continuam também a ser importantes na promoção do SIA e da sua adoção em África.

2.6.1 Governos nacionais e quadros políticos

O papel dos governos nacionais consistiria em estruturar quadros políticos que permitissem a aplicação do SIA, entre outras coisas: investimento em infra-estruturas meteorológicas, integração da disponibilidade de informações climáticas nos planos de desenvolvimento nacionais e utilização do SIA na agricultura, na gestão da água e na redução do risco de catástrofes.

A maioria dos países africanos adoptou estratégias nacionais para as alterações climáticas com disposições de expansão do CEI. Por exemplo, na Etiópia, a Economia Verde Resiliente ao Clima (CRGE) adoptará sistemas de alerta precoce e a difusão de informações climáticas aos agricultores e às comunidades. O seu Plano de Ação Nacional para as Alterações Climáticas do Quénia também aborda os serviços de informação climática relativos à resiliência agrícola (Abramowitz et al., 2019) .

2.6.2 Organizações regionais e internacionais Fim

As organizações regionais e internacionais fornecem essas áreas de interesse através de financiamento e assistência técnica com o CIS. A União Africana já desenvolveu a Estratégia Africana para as Alterações Climáticas (ASCC), que melhorou o acesso à informação climática e aos sistemas de alerta precoce - melhorando a resiliência climática no continente.

As agências internacionais que fornecem financiamento e assistência técnica para o desenvolvimento dos SIC em África incluem o Programa das Nações Unidas para o Desenvolvimento e a Organização Meteorológica Mundial. Por exemplo, a OMM liderou o desenvolvimento do Quadro Global para os Serviços Climáticos. Além disso, tem ajudado os países africanos a desenvolver a sua capacidade de prestar serviços climáticos através de formação de facilitação, infra-estruturas e sistemas de partilha de dados (Dietze et al., 2018) .

2.7 Impacto setorial específico do CIS em África O CIS irá colaborar com diferentes sectores em África, incluindo a agricultura, os recursos hídricos, a saúde e a gestão do risco de catástrofes.

2.7.1 A CEI na agricultura

A agricultura é a espinha dorsal de muitas economias africanas; as alterações climáticas representam um duro desafio para a produtividade agrícola. Armado com previsões adequadas e atempadas, o CIS capacita os agricultores com informações sobre se ou quando plantar, quando irrigar ou mesmo quando colher. Por exemplo, no Quénia, a KMD associou-se ao PAM para aconselhar os agricultores sobre as previsões meteorológicas sazonais que antecipam o planeamento das colheitas e minimizam a perda de colheitas.

Em segundo lugar, equipa o agricultor com a prática de uma agricultura resiliente, como a escolha de espécies de culturas tolerantes à seca e a alteração dos calendários de plantação em função das quantidades de precipitação previstas. Isto melhora a segurança alimentar e reduz a vulnerabilidade da comunidade rural aos choques climáticos.

2.7.2 O SIA na gestão dos recursos hídricos

Os recursos hídricos africanos são muito sensíveis à variabilidade do clima, nomeadamente devido ao facto de as zonas que recebem chuvas intensas serem afectadas por fenómenos de precipitação muito escassos. O SIA desempenha um papel importante na gestão dos recursos hídricos, uma vez que fornece dados e informações sobre os fenómenos de precipitação, os fluxos de água e as condições de seca. Esses dados e informações continuam, portanto, a ser fundamentais para a utilização sustentável da água na agricultura, na indústria e nos meios urbanos (Beck et al., 2018) .

Para a África Austral, o Centro de Serviços Climáticos da SADC também emite previsões hidrológicas. Isto deverá melhorar a afetação dos recursos hídricos pelos governos e seus gestores, uma vez que se trata de um período com um risco mínimo de escassez.

2.7.3 O SIA na saúde

A África tem assistido ao surto de doenças transmitidas por vectores, incluindo a malária e a dengue, atribuídas à alteração das condições climáticas. O aumento das temperaturas, bem como a alteração da incerteza da probabilidade de precipitação, criam as condições propícias à propagação destas doenças. A disponibilidade dos dados do SIA permitirá às autoridades prever ou rastrear antecipadamente a propagação, o que, por sua vez, melhorará os resultados em matéria de saúde pública (Chen et al., 2022) .

Por exemplo, o MEWS pode prever o surto de malária numa determinada área com as temperaturas esperadas e as tendências da precipitação, o que permite que os agentes de saúde tomem intervenções primárias mesmo antes do surto, através de medidas que o previnem, como mosquiteiros impregnados com insecticidas e campanhas de saúde pública (Dueben & Bauer, 2018) .

2.7.4 O SIA na gestão do risco de catástrofes

Como mencionado anteriormente, o CIS é essencial para a redução do risco de catástrofes, especialmente quando as catástrofes naturais desencadeadas pelas alterações climáticas estão a ocorrer com muita frequência. Permite que tanto os governos como as comunidades se preparem antecipadamente contra inundações, secas e tempestades, reduzindo assim a possível perda de vidas humanas e os danos nas infra-estruturas.

O Centro Regional do Clima da África Ocidental exige alertas precoces de inundações e secas. Este facto permitiu que os governos dispusessem de tempo suficiente para iniciar medidas de preparação e coordenação de socorro. Foi muito útil, particularmente na região onde as inundações e as secas ocorrem frequentemente, como nos países do Mali e do Níger (Gruber et al., 2019) .

2.8 Tendências futuras do desenvolvimento do SIA em África

As tendências futuras no CIS que podem alterar o horizonte existente em África incluem o aumento do investimento em infra-estruturas, os avanços tecnológicos e o aumento das colaborações internacionais.

2.8.1 Novas tecnologias

Os megadados, a inteligência artificial e a aprendizagem automática são as tecnologias emergentes que podem influenciar o SIA, em termos de exatidão e acessibilidade. No caso do big data, com grandes volumes de dados climáticos processados em tempo real, estão disponíveis previsões mais exactas e avisos mais rápidos para condições meteorológicas extremas. Além disso, as melhorias na tecnologia móvel e a disponibilidade de Internet rural podem levar a avanços no SIA que podem beneficiar ainda mais agricultores, profissionais de saúde e decisores políticos na utilização de informações climáticas (Morrison et al., 2020) .

2.8.2 Cooperação regional e internacional

As alterações climáticas serão muito mais intensas com o aumento do desenvolvimento e da difusão do CEI. O aumento da cooperação regional e internacional será altamente reforçado por esta enormidade. A criação de redes regionais para a partilha de dados e a colaboração contribui para a forte capacidade que os países africanos empregam na gestão dos riscos climáticos através de iniciativas do Centro Africano de Política Climática e do Serviço Pan-Africano de Informação Climática (Ngigi & Muange, 2022a) .

As organizações internacionais e as agências doadoras, como o Banco Mundial, a USAID e a União Europeia, também estão a investir nos projectos do CEI em África através de fundos de assistência técnica e de medidas de reforço das capacidades.

CAPÍTULO TRÊS

Estudos de caso na implementação do SIA

3.1 Introdução

Com um mundo cada vez mais vulnerável ao clima, os Serviços de Informação Climática são atualmente ferramentas potentes para aumentar a resiliência climática, especialmente em áreas que continuam a ser altamente dependentes da agricultura, das pescas, dos recursos hídricos e dos ecossistemas. África continua a ser o exemplo máximo de um continente que necessita urgentemente de um SIC eficiente e eficaz. Neste capítulo, analisaremos estudos de caso da experiência do CIS de vários países africanos, demonstrando casos em que o CIS se tornou parte integrante do processo de tomada de decisões nesses sectores (Muema et al., 2018) . Cada caso identificará os sucessos e desafios e as lições aprendidas com a sua experiência com o CIS, permitindo assim uma análise abrangente da eficácia do sistema e do potencial de expansão em todo o continente.

Os estudos de caso selecionados irão refletir sobre diferentes regiões e sectores para dar uma visão holística de como o CIS funciona em diferentes contextos, embora ao selecionar exemplos da África Oriental, África Ocidental e África Austral, irei refletir sobre a agricultura, gestão da água, saúde e redução do risco de catástrofes, entre outros. Um exame cuidadoso dos estudos de caso revelará alguns dos factores dominantes que contribuem para a eficácia do CIS e, portanto, apresentam oportunidades para a sua melhoria.

3.2 Estudo de caso: CIS para a agricultura no Quénia

3.2.1 Introdução ao clima e ao contexto agrícola do Quénia

A economia do Quénia baseia-se na agricultura e aproximadamente mais de 75% da população vive da agricultura. Embora a vulnerabilidade à variabilidade climática seja muito elevada, especialmente no que se refere às alterações dos regimes de precipitação, uma alteração destes pode afetar negativamente a produção agrícola e conduzir à insegurança do abastecimento alimentar. A variabilidade climática agravou as dificuldades dos agricultores quenianos, tornando os períodos de crescimento incertos e contribuindo para o aumento da frequência das secas e das inundações.

Na sequência de tais desafios, o Quénia avançou significativamente na promoção da utilização do CIS na tomada de decisões agrícolas. Em colaboração com organizações de desenvolvimento e instituições de investigação, o KMD concebeu várias iniciativas que fornecem previsões meteorológicas actuais, perspectivas climáticas sazonais e avisos agrícolas.

3.2.2 A plataforma iShamba

A iShamba é talvez uma das iniciativas mais bem sucedidas do CIS no Quénia. Através do seu serviço móvel, fornece previsões meteorológicas, preços de mercado e aconselhamento agronómico aos agricultores dos seus clientes. A plataforma iShamba fornece informações especificamente adaptadas com base na localização, no tipo de cultura ou nas práticas agrícolas do agricultor, tudo através da tecnologia SMS.

O iShamba é fácil e acessível. Atualmente, mais de 90% dos agregados familiares quenianos possuem um telemóvel, o que dá ao serviço uma plataforma de grande alcance, mesmo em zonas remotas onde os agricultores não têm acesso às fontes tradicionais de informação sobre o clima. O serviço está disponível em várias línguas para atender aos agricultores de diversas origens linguísticas.

3.2.3 Impacto nas práticas agrícolas

A integração do CIS através da aplicação iShamba transformou grandemente a prática agrícola no Quénia. Entre as melhores decisões que os agricultores afirmam tomar contam-se a programação da plantação, a utilização de fertilizantes e o controlo de pragas. Por exemplo, os avisos avançados de início de seca dão tempo para ajustar o sistema de irrigação e desenvolver culturas tolerantes à seca ou adiar a plantação até que as condições melhorem.

Através de um inquérito realizado pelo PAM, os respectivos agricultores que adoptaram o iShamba indicaram ganhos significativos entre 20-30% no rendimento das colheitas, mais do que os não utilizadores da plataforma. A plataforma também tem sido associada a uma redução das perdas pós-colheita, porque mantém o agricultor atualizado com os preços actuais, de modo a que, no momento em que estes são elevados, o agricultor venda para obter o valor máximo.

3.2.4 Desafios e lições aprendidas

Apesar do sucesso do iShamba, foram identificados vários desafios que este ainda enfrenta. De importância primordial é o fosso digital entre as zonas urbanas e rurais; embora haja uma posse generalizada de telemóveis, os agricultores, em geral, não têm acesso a smartphones ou a dispositivos com acesso à Internet, o que limita a utilização de funcionalidades avançadas como mapas meteorológicos em tempo real e imagens de satélite.

Isto significa que os agricultores das zonas rurais podem não ter uma vasta escala de literacia, o que pode constituir uma limitação para compreender plenamente a informação fornecida e pô-la em prática. Esta situação é remediada através de uma parceria com os agentes locais de extensão agrícola para oferecer formação e apoio presencial aos agricultores sobre a forma de interpretar e utilizar eficazmente a informação climática (Kadi Kadi et al., 2011) .

Que importante lição foi aprendida com o estudo de caso iShamba de conceber uma plataforma CIS que seja acessível, amigável e adaptada ao público-alvo e de mobilizar a tecnologia móvel para ultrapassar a disparidade de dados climáticos científicos entre a tomada de decisões e os recursos disponíveis. O CIS pode ser potencialmente de grande utilidade para melhorar a segurança alimentar em regiões vulneráveis ao clima.

3.3 Estudo de caso: CIS para a gestão da água na Etiópia

3.3.1 Problemas climáticos e de recursos hídricos na Etiópia

A Etiópia é altamente dependente da agricultura de sequeiro e da energia hidroelétrica, pelo que se tornou extremamente vulnerável à variabilidade climática, especialmente às alterações na distribuição temporal da precipitação e ao aumento da frequência das secas. A escassez de água também surgiu como uma questão significativa, principalmente nas regiões áridas e semi-áridas, onde a precipitação irregular e os períodos de seca prolongados representam uma ameaça tanto para a produtividade agrícola como para a disponibilidade de água potável (McOmber et al., 2013) .

Reconhecendo o papel crucial da gestão dos recursos hídricos, o governo etíope incorporou o CIS nas suas estratégias climáticas nacionais. O SIA tem sido utilizado para melhorar a gestão dos recursos, especialmente na previsão hidrológica e na monitorização da seca.

3.3.2 O Sistema de Alerta Precoce de Seca LEAP

O mesmo sistema está a ser utilizado como um sistema baseado no CIS para o sistema de alerta precoce de secas na Etiópia, que tem apoiado a monitorização da alteração dos padrões de precipitação e a avaliação dos níveis de risco relativos a secas. O LEAP foi desenvolvido em cooperação com o governo etíope e o Programa Alimentar Mundial, para utilizar dados de satélite na monitorização do coberto vegetal, da humidade do solo e dos níveis de precipitação no país. Todos estes elementos de dados são combinados com indicadores socioeconómicos para analisar o efeito que a seca pode ter nos meios de subsistência rurais.

Alerta precoce para agências governamentais, agricultores e organizações humanitárias - um sistema de LEAP também permite uma ação preventiva antes de a seca se tornar crítica. Por exemplo, pode ativar fundos para medidas de proteção social, tais como ajuda alimentar e transferências de dinheiro, para ajudar a comunidade afetada.

3.3.3 Efeitos na gestão dos recursos hídricos

A utilização do LEAP melhorou muito a preparação para a seca e, mais ainda, melhorou a gestão dos recursos hídricos na Etiópia. O sistema fornece avisos de condições de seca com vários meses de antecedência, o que permite ao agricultor adotar uma variedade de práticas, incluindo a cobertura vegetal, a colheita e a irrigação gota a gota. Além disso, o sistema oferece decisões relativas à sua afetação de água que asseguram uma utilização eficiente dos recursos hídricos durante os períodos de escassez (Mwila et al., 2021) .

Além disso, o LEAP ajudou o Governo da Etiópia a melhorar a coordenação da resposta à seca, poupando o tempo gasto no processo de prestação de ajuda às comunidades afectadas. A disponibilidade de dados em tempo real sobre as precipitações e as condições da vegetação melhorou a orientação dos programas de proteção social com recursos, orientando a atribuição para zonas de alto risco (Dillon & Herman, 2023) .

3.3.4 Desafios e lições identificadas

O sistema tem enfrentado desafios significativos para a sustentabilidade e escalabilidade do sucesso do LEAP no reforço da preparação para a seca. A maior dependência aqui, no entanto, reside na dependência de financiamento externo para funcionar, bem como de conhecimentos técnicos para a operação e manutenção do sistema. O governo da Etiópia está a desenvolver capacidades através da recolha e análise de dados climáticos para gerir de forma independente o sistema (Lehtonen et al., 2019) .

Outro desafio é o acesso à informação climática nas áreas mais remotas das diferentes regiões, com fracas infra-estruturas de transmissão de dados. Embora o LEAP disponha de dados pertinentes a nível nacional, serão necessárias previsões mais localizadas para que os agricultores rurais e os gestores da água possam aceder facilmente a estes dados.

O estudo de caso LEAP incorporou o CIS nas políticas nacionais e nas estratégias de desenvolvimento. Juntamente com a incorporação do CIS nos programas de proteção social e nas iniciativas de gestão da água, a Etiópia aumentou a sua resistência à seca, enquanto as comunidades vulneráveis beneficiaram do apoio atempado.

3.4 Estudo de caso: CIS para a saúde no Senegal

3.4.1 Alterações climáticas e saúde no Senegal

O Senegal, tal como muitos países da África Ocidental, tem vários problemas de saúde relacionados com as alterações climáticas. O aumento das temperaturas, a alteração dos padrões de precipitação e o aumento da humidade facilitam a propagação de doenças como a malária e a dengue. Além disso, quando ocorrem inundações, surgem doenças transmitidas pela água, como a cólera.

Para resolver estas questões, o Senegal incorporou os Serviços de Informação Climática no seu sistema de saúde pública. A ANACIM, em colaboração com o Ministério da Saúde, concebeu um sistema de alerta precoce baseado no clima para a malária e outras doenças sensíveis ao clima.

3.4.2 O Sistema de Alerta Rápido contra o Paludismo

O Sistema de Alerta Rápido da Malária (MEWS) é uma das plataformas baseadas no SIA que utiliza as variáveis do clima para prever antecipadamente o risco de surtos de malária no momento em que ocorrem os padrões de temperatura, precipitação e humidade. Combinando o clima com informações epidemiológicas, as autoridades sanitárias recebem avisos antecipados de surtos iminentes de malária com várias semanas de antecedência.

O sistema também integra informações sobre a existência de locais de reprodução de mosquitos, a densidade populacional e as infra-estruturas de saúde, para apresentar uma visão completa do risco já existente. Esta informação conduz à distribuição adequada de redes mosquiteiras, insecticidas e outras medidas preventivas; podem ser coordenadas campanhas de saúde pública e intervenções médicas.

3.4.3 Impacto na saúde pública

A integração do MEWS causou uma grande diferença no controlo desta doença da malária no Senegal. Isto permitiu que os funcionários da saúde agissem antecipadamente ao atacar com estes avisos de alerta sobre os surtos - mesmo antes das épocas de pico de transmissão através de mosquiteiros tratados com inseticida e campanhas de sensibilização do público. Estes esforços ajudaram a gerir drasticamente os casos de malária, especialmente nas zonas rurais, onde os serviços de saúde são escassos.

Para além da malária, o sistema foi aplicado para monitorizar o risco de outras doenças sensíveis ao clima, como a cólera e a febre de dengue. O MEWS forneceu informação climática em tempo real e avaliações de risco para doenças. Em tempo real, este facto melhorou a coordenação entre os esforços de resposta à saúde pública e diminuiu o peso das doenças relacionadas com o clima no Senegal.

3.4.4 Desafios e lições aprendidas

Um dos maiores desafios que o MEWS enfrenta é chegar às populações remotas e mal servidas com informações climáticas e intervenções de saúde. Muitas destas áreas rurais têm infra-estruturas de saúde limitadas, e a praticidade na distribuição de redes mosquiteiras e medidas preventivas é, de facto, afetada por essas questões logísticas. Para ultrapassar este problema, o Senegal estabeleceu parcerias com agentes comunitários de saúde, que ajudam significativamente a promover a distribuição de informações sobre o clima e a assegurar a coordenação a nível local das intervenções de saúde.

Outra questão a este respeito é o facto de a sustentabilidade do sistema depender continuamente do financiamento e da assistência técnica. Para manter o MEWS a funcionar e atualizado, é necessário um grande investimento em infra-estruturas meteorológicas e na conceção de sistemas de gestão de dados.

A principal conclusão deste estudo de caso sobre MEWS é que o CIS precisa de ser integrado nos sistemas de saúde pública. Associado à informação epidemiológica dos dados climáticos, o Senegal melhorou a preparação e a eficácia no tratamento de doenças sensíveis ao clima através de intervenções de saúde pública.

3.5 Estudo de Caso: CIS para a Redução do Risco de Desastres em Moçambique

3.5.1 Vulnerabilidades de Moçambique às Alterações Climáticas

Moçambique é um dos países mais vulneráveis de África devido a ciclones, cheias e secas graves. As condições climatéricas extremas têm, de muitas formas, afetado as comunidades, as infra-estruturas e a economia como um todo. Recentemente, por exemplo, o ciclone Idai, em 2019, resultou nos piores danos de sempre, levando à deslocação de centenas de milhares de pessoas e a uma perda significativa de vidas humanas.

Moçambique apercebe-se da importância crítica de uma maior prontidão e resposta a desastres e incorporou os Serviços de Informação Climática nas suas estratégias políticas nacionais de DRR. Essencialmente, utiliza sistemas de aviso prévio que apresentam imediatamente as condições meteorológicas bem como possíveis perigos às comunidades e autoridades para uma prevenção atempada.

3.5.2 Sistema de alerta precoce do Instituto Nacional de Meteorologia (INAM)

O Instituto Nacional de Meteorologia de Moçambique opera um sistema de aviso prévio baseado em satélites que observa e monitoriza os padrões meteorológicos para alertar as pessoas contra condições meteorológicas extremas, tais como ciclones, cheias ou secas. O sistema monitoriza as tempestades e avalia o risco em regiões vulneráveis com base em dados de satélites, estações meteorológicas e bóias oceânicas.

O sistema de aviso prévio alerta através de vários meios de comunicação, como a rádio, a televisão, os telemóveis e os programas de sensibilização da comunidade. Os alertas são enviados vários dias antes do fenómeno meteorológico extremo, proporcionando assim tempo suficiente para a evacuação, a proteção das propriedades e a preparação de bens de emergência.

3.5.3 Impacto da preparação e da resposta a catástrofes

O sistema de aviso prévio tem de facto trazido mudanças radicais na preparação para desastres em Moçambique. Depois da tempestade do Ciclone Idai ter atingido o país, o sistema de aviso prévio foi relatado como tendo salvado várias vidas, aproveitando os alertas atempados para permitir evacuações antes da tempestade atingir a terra. Embora o ciclone tenha sido destrutivo, a taxa de perdas ficou muito longe do que era típico das tempestades anteriores.

Para além dos ciclones, a aplicação foi utilizada na monitorização dos níveis dos rios e na previsão do risco de inundações em zonas baixas. Esta melhor coordenação é evidente nas respostas a catástrofes, em que o governo está em melhor posição para concentrar os recursos de emergência nas zonas afectadas.

3.5.4 Desafios e lições aprendidas

Um dos maiores desafios a ser observado no sistema de aviso prévio moçambicano é o de alcançar as comunidades dispersas e isoladas dentro dos limites de tempo. A maioria das áreas rurais não tem telemóveis e tecnologias de comunicação, o que significa que o sistema não pode funcionar eficazmente nessas áreas.

Para este fim, o governo tem colaborado com os líderes da comunidade local assim como com os comités de prontidão de desastres para assegurar que tais avisos sejam comunicados a partir dos níveis de base através da palavra de boca em boca ou até mesmo dos meios tradicionais de comunicação. Isto, de alguma forma, preencheu a lacuna na comunicação em algumas destas áreas remotas e assegurou que as comunidades afectadas têm mais acesso a tal informação com a qual se podem preparar para os desastres.

Provavelmente, a maior lição a retirar deste estudo de caso de Moçambique é a necessidade imperativa de envolver as comunidades na abordagem de redução de riscos. A tecnologia avançada é sempre essencial para a monitorização e, por definição, para a previsão de fenómenos meteorológicos extremos, mas os sistemas de alerta precoce são inúteis se não chegarem aos grupos de risco e não os convencerem a evacuar.

3.6 Estudo de caso: CIS para as pescas no Gana

3.6.1 Importância da pesca para a economia do Gana

As pescas do Gana contribuem para quase todos os sectores produtivos da sua economia, fornecendo alimentos e rendimentos a milhões de pessoas, sendo o sector altamente suscetível às alterações climáticas na temperatura da superfície do mar, nas correntes oceânicas e nos padrões de precipitação. Estas alterações afectam as unidades populacionais de peixes, os períodos de migração e os ciclos de reprodução, resultando em capturas mais baixas e em impactos na economia das comunidades piscatórias.

Para mitigar os desafios acima referidos, o Gana integrou o CIS na sua gestão das pescas. A Comissão das Pescas e a Agência Meteorológica do Gana fornecem informações imediatas sobre o estado do clima e previsões das condições oceanográficas para ajudar a informar os pescadores sobre quando e onde pescar.

3.6.2 Utilização do CIS no sector das pescas do Gana

Através da iniciativa CIS, as pescas no Gana utilizam dados de satélite para monitorizar a temperatura da superfície do mar, as correntes oceânicas e a migração dos peixes. A informação é comunicada aos pescadores através de aplicações móveis, emissões de rádio e reuniões comunitárias, o que os ajuda a planear melhor as suas actividades de pesca com base nas condições oceânicas prevalecentes e previstas.

O CIS também alerta atempadamente para tempestades e outras condições meteorológicas adversas, mantendo os pescadores afastados de situações perigosas no mar. Isto melhorou a segurança no sector das pescas, o que reduziu o número de acidentes e de mortes.

3.6.3 Impacto na gestão das pescas

Em termos de impactos positivos nas unidades populacionais de peixes e nas comunidades piscatórias, as aplicações do SIA têm sido úteis para o sector das pescas no Gana. O SIA tem ajudado os pescadores a otimizar as capturas, fornecendo informações sobre os padrões de migração dos peixes e os ciclos de reprodução, ajudando assim a evitar a sobrepesca, o que contribui para a sustentabilidade das unidades populacionais e da produtividade a longo prazo dos sectores das pescas.

Além disso, o sistema de alerta precoce melhorou a segurança dos pescadores, reduzindo o número de acidentes causados por tempestades e mares agitados. Isto traduz-se diretamente na melhoria do bem-estar da comunidade piscatória através de melhores meios de subsistência e da minimização das perdas socioeconómicas provocadas pelos riscos relacionados com o clima.

3.6.4 Desafios e lições aprendidas

Embora o CIS seja bem sucedido em termos do sector das pescas do Gana, existe um problema de acessibilidade da informação climática para os pescadores de pequena escala. A maioria dos pescadores não dispõe de telemóveis ou de dispositivos com acesso à Internet destinados a obter dados em tempo real e materiais de previsão. Para outros, as competências linguísticas constituem um enorme obstáculo à compreensão da informação climática que lhes é fornecida.

Para aumentar a eficácia da resposta a estes desafios, a Comissão das Pescas do Gana tem trabalhado com cooperativas de pesca locais e líderes comunitários para adaptar a divulgação de informações sobre o clima a meios mais tradicionais, através de reuniões comunitárias e, nas regiões adequadas, de emissões de rádio traduzidas para as línguas locais.

A lição a retirar do estudo de caso do Gana é adaptar o SIA às necessidades do público-alvo. Numa palavra, quando a informação climática está disponível, é relevante e adequada para comunicar e compreender, a resiliência do sector das pescas do Gana às alterações climáticas torna-se melhor.

CAPÍTULO QUATRO

Perspectivas globais sobre os serviços de informação climática

4.1 Introdução

A variabilidade e as alterações climáticas manifestam-se em todo o mundo e há uma necessidade crescente de informação climática fiável e utilizável. Os CIS surgiram como ferramentas extremamente importantes para ajudar os países, comunidades e sectores a adaptarem-se à variabilidade e às alterações climáticas. Uma vez que a primeira parte deste livro deu grande destaque a África, este capítulo irá expandir a forma como os CIS estão a ser desenvolvidos, implementados e utilizados a nível global.

O CIS é, portanto, uma promessa significativa para criar resiliência, informar a tomada de decisões e permitir o desenvolvimento sustentável em diferentes contextos - das cidades da América do Norte ao Sudeste Asiático rural. Este capítulo analisa as várias aplicações do CIS, sonda a inovação tecnológica, examina as estruturas políticas e avalia os desafios em diferentes regiões. Ter uma noção clara do panorama global do CIS pode dar-nos melhores ideias sobre as melhores práticas de estratégias de resiliência climática em diferentes contextos (Sintayehu, 2018) .

4.2 Serviços de informação climática em operações globais

O SIA é importante para a gestão dos impactos das alterações climáticas em vários sectores, desde a agricultura à gestão dos recursos hídricos, à saúde, à redução do risco de catástrofes e à energia. Tal pode ser muito evidente com questões climáticas altamente variáveis e necessidades específicas observadas nas regiões.

4.2.1 América do Norte: centro de investigação e inovação no domínio do clima

O SIA foi amplamente desenvolvido e incorporado em vários sectores na América do Norte, especialmente nos Estados Unidos e no Canadá. Os países fornecem dados climáticos muito completos. A NOAA disponibiliza dados climáticos, incluindo, entre outros, previsões meteorológicas, projecções climáticas e tendências climáticas a longo prazo. Estes dados têm sido úteis para agricultores, decisores políticos e agências de gestão de emergências, uma vez que ajudam cada grupo a tomar decisões informadas (Sorgho et al., 2020) .

O CIS na América do Norte continuou a evoluir com novas tecnologias, entre as quais a teledeteção, os sistemas de informação geográfica e a análise de grandes volumes de dados. O Sistema Nacional Integrado de Informação sobre Secas é um dos sistemas que pode fornecer informações imediatas sobre as condições e os efeitos da seca às partes interessadas, a fim de permitir uma melhor gestão dos recursos hídricos e um melhor planeamento agrícola.

Iniciativas de base comunitária, como a CoCoRaHS, abreviatura de Community Collaborative Rain, Hail, and Snow Network, facilitam a recolha de observações meteorológicas dos cidadãos, que complementam os dados climáticos disponíveis a nível local. Esta abordagem de baixo para cima e participativa torna as comunidades utilizadores activos da informação climática e melhora a resolução dos dados para a tomada de decisões.

4.2.2 Europa: Quadro para serviços climáticos integrados

A União Europeia (UE) estabeleceu um quadro coerente de serviços de informação sobre o clima na Europa. A maioria destes esforços é desenvolvida diretamente a partir da Plataforma Europeia de Adaptação Climática, conhecida como Climate-ADAPT. A Climate-ADAPT é reconhecida como a porta de entrada central e o repositório de conhecimentos, ferramentas e dados sobre adaptação climática para apoiar os países no desenvolvimento e implementação de estratégias de resiliência climática.

O CIS tende a centrar-se mais na integração da informação climática no quadro das políticas na Europa, que consiste principalmente no Pacto Ecológico da UE e na Lei Europeia do Clima. As orientações políticas dão indicações de uma base para a tomada de decisões com base em provas e um acesso inclusivo à informação climática nos Estados-Membros para efeitos de adaptação.

Um dos elementos constituintes do Programa Copernicus é o Serviço Copernicus para as Alterações Climáticas, ou C3S, um serviço de apoio a dados e informações de elevada qualidade sobre o clima, destinado a apoiar a política e a tomada de decisões europeias. O serviço de alterações climáticas foi criado para integrar modelos climáticos, deteção remota e observação in situ, a fim de poder apresentar projeções de alterações climáticas, informações setoriais específicas e avaliações de risco.

Além disso, a maioria dos países europeus criou serviços climáticos nacionais que respondem às necessidades dos seus sistemas regionais. À semelhança do Deutscher Wetterdienst (DWD) da Alemanha, que desenvolveu informação climática personalizada para a agricultura, gestão da água e saúde, para facilitar a integração dos dados climáticos em todos os sectores.

4.2.3 Ásia: Desafios e oportunidades mistas

A Ásia é constituída por países altamente diversificados e todos estes países vivem geralmente os problemas climáticos de uma forma única. Por exemplo, o Sul da Ásia envolve países com elevada suscetibilidade a inundações e secas induzidas por alterações climáticas e ciclones. Por conseguinte, são vitais para a formulação adequada da preparação agrícola através de previsões climáticas sazonais e de alertas precoces de fenómenos meteorológicos extremos emitidos pelo Departamento Meteorológico da Índia (IMD).

Recentemente, os investimentos na melhoria dos serviços de informação climática também se tornaram significativos na Índia, incluindo dados de satélite e modelos avançados de previsão. A NAFCC ajudará os Estados a adaptarem-se a práticas resistentes ao clima que incluam uma maior disponibilidade de informações sobre o clima.

O Sudeste Asiático não fica atrás, uma vez que tanto a Indonésia como as Filipinas são muito afectadas pelas alterações climáticas. Nas Filipinas, existe também uma organização ativa: a Administração dos Serviços Atmosféricos, Geofísicos e Astronómicos das Filipinas (PAGASA), que cria um sistema integrado de informação climática. Fornece previsões e avisos climáticos aos agricultores e às comunidades costeiras.

No entanto, a Ásia Oriental, com países como o Japão e a Coreia do Sul, conseguiu avançar para sistemas de monitorização e alerta climáticos muito mais desenvolvidos. O JMA no Japão, por exemplo, utiliza tecnologia avançada para levar às pessoas previsões meteorológicas adequadas e avisos de prováveis catástrofes, colocando assim a comunidade numa situação de melhor preparação e capacidade de resposta.

4.2.4 América Latina e Caraíbas: Implementar o CIS nos Planos de Resiliência

O Brasil, o México e a Colômbia enfrentam grandes riscos para os seus sistemas agrícolas, recursos hídricos e ecossistemas devido às alterações climáticas. Por esta razão, estes países só agora começam a aperceber-se da necessidade de um planeamento de adaptação do CIS para os seus sistemas agrícolas. Os dados climáticos e as previsões relacionadas do Instituto Nacional de Meteorologia do Brasil (INMET) constituem uma base importante para as suas actividades de planeamento agrícola e de gestão da água.

Por exemplo, o Plano Nacional de Adaptação às Alterações Climáticas da Colômbia afirma claramente que o CIS deve apoiar os sectores sensíveis ao clima na sua tomada de decisões. O IDEAM é a principal instituição no fornecimento de informações que preparam a comunidade para enfrentar novas condições.

Na região das Caraíbas, o reforço dos sistemas de alerta precoce foi prioritário devido à sua vulnerabilidade aos furacões e a outros fenómenos extremos. A OCM está a trabalhar com os países membros para melhorar o serviço de informação sobre o clima, bem como a preparação para as catástrofes.

4.2.5 África: Reforço da capacidade de resistência

Os capítulos anteriores abordam as questões específicas das alterações climáticas em África. A integração do CIS nos planos de desenvolvimento nacional é atualmente uma agenda importante em todo o continente para o desenvolvimento da resiliência. Várias organizações regionais e outras entidades, em parceria com o Centro Africano para a Política Climática, trabalham para o CIS em diferentes regiões de África.

Os projectos do CIS em África tendem a ter acordos de parceria entre os governos, os organismos internacionais e a população local. A OMM ajudou a criar centros climáticos regionais que irão melhorar a recolha e divulgação de dados em África.

Os efeitos multiplicadores do CIS são vistos no aumento da produtividade agrícola e no desenvolvimento da preparação para catástrofes em comunidades já vulneráveis, como se pode ver nos exemplos bem sucedidos da plataforma iShamba no Quénia e do sistema LEAP na Etiópia. No entanto, embora um fator importante, como o ímpeto para um investimento contínuo dos países no SIA, possa ser enxertado de uma vez por todas, será necessário prestar atenção à garantia de que os dados climáticos sejam acessíveis, acionáveis e relevantes para os utilizadores locais.

4.3 Aplicações do SIA em todos os sectores

As aplicações do SIA são altamente diversificadas e estão espalhadas por vários sectores que constituem factores essenciais para criar resiliência às alterações climáticas e ao desenvolvimento sustentável.

4.3.1 Agricultura e segurança alimentar

O CIS desempenha um papel fundamental no aumento da produtividade agrícola e da segurança alimentar. Com a divulgação de previsões meteorológicas e informações climáticas atempadas, os agricultores terão uma visão óptima da plantação, irrigação e gestão de pragas.

- Alguns exemplos de casos de agricultura:

  - No Quénia, a plataforma iShamba disponibiliza actualizações meteorológicas a nível local, bem como serviços de aconselhamento sobre agricultura através de SMS. Isto aumentou a produtividade das culturas e melhorou a segurança alimentar das comunidades pobres.

- Na Índia, o Conselho Indiano de Investigação Agrícola desenvolveu serviços de aconselhamento agro-meteorológico que fornecem previsões sazonais e recomendações agronómicas aos agricultores para aumentar a resiliência climática.

4.3.2 Gestão dos recursos hídricos

A escassez e a variabilidade da água são questões vitais para a maioria das regiões do mundo. O CIS é uma informação crítica para uma melhor gestão dos recursos hídricos.

- Estudos de caso sobre a gestão dos recursos hídricos:

A GIRH é o quadro adotado na África do Sul que utiliza dados climáticos para determinar estratégias de distribuição e gestão da água num contexto de utilização altamente competitiva dos recursos hídricos.

- O Sistema Nacional de Informação sobre Recursos Hídricos (NWRIS) fornece informações relacionadas com o clima para a gestão dos recursos hídricos na Índia, a fim de tomar decisões informadas sobre a afetação e utilização da água na agricultura e noutros serviços urbanos.

4.3.3 Saúde e resiliência climática

O SIA assume maior importância para a gestão da saúde pública, incluindo as doenças que são sensíveis às condições climáticas.

- Estudos de caso em saúde:
  - Sistema de Alerta Rápido da Malária, O sistema do Senegal baseia a previsão da malária em dados climáticos que permitem aos actores da saúde utilizar essa informação para tomar medidas preventivas e reduzir o risco de transmissão da doença.
  - O Programa de Saúde e Alterações Climáticas do Bangladesh articula a informação climática com o planeamento da saúde, melhorando assim a capacidade de controlar os riscos para a saúde relacionados com o clima.

4.3.4 Redução do risco de catástrofes e gestão de emergências

O CIS é um contributo básico para a redução do risco de catástrofes e para a gestão de emergências. Constitui um sistema de alerta precoce em caso de fenómenos meteorológicos extremos.

- Estudos de caso sobre a redução do risco de catástrofes:

- Na Índia, a NDMA desenvolveu um sistema de alerta precoce que utiliza dados climáticos para prever ciclones e inundações, evacuando assim as pessoas e afectando recursos com antecedência suficiente;
- Não Moçambique tem um Instituto Nacional de Meteorologia, INAM, que gere um sistema de alerta precoce que fornece informação em tempo real sobre o tempo e os perigos possíveis, aumentando a preparação para os riscos por parte das comunidades vulneráveis.

4.3.5 Adaptação do sector da energia

O SIA desempenha um papel muito importante no sector da energia, nomeadamente no que diz respeito à gestão das fontes de energia renováveis.

- Estudos de caso sobre energia:
  - Alemanha: Observa-se que o Serviço Meteorológico Alemão, DWD, oferece previsões sobre a energia solar e eólica que melhoraram a eficácia dos sistemas de energias renováveis, principalmente através de uma melhor gestão do seu fornecimento de energia, bem como do controlo da rede eléctrica.
  - O Programa de Aquisição de Produtores Independentes de Energia Renovável (REIPPPP) da África do Sul integra a informação climática no planeamento energético - ou seja, optimiza a implantação de projectos de energia solar e eólica, que dependem dos padrões climáticos.

4.4 Avanços tecnológicos na CEI

O CIS é impulsionado principalmente pela infusão de novas tecnologias, que lhe permitem fazer previsões muito próximas da exatidão, melhorar a gestão dos dados e a divulgação de informações sobre o clima.

4.4.1 Deteção remota e tecnologias de satélite

As tecnologias de satélite e de teledeteção são consideradas fontes importantes de recolha de dados climáticos a nível mundial. A deteção remota permite conhecer melhor as alterações nos padrões meteorológicos, as alterações na utilização dos solos e os padrões climáticos.

- Observações por satélite: Os satélites Sentinel-1 e Sentinel-2 fornecem imagens de alta resolução sobre as alterações ambientais, que incluem a desflorestação, a urbanização e a degradação dos solos. Este conhecimento é muito importante para compreender o impacto das alterações climáticas e para utilizar os recursos naturais de forma sensata.

4.4.2 SIG

As tecnologias de SIG facilitam a análise espacial dos dados climáticos. Deste modo, várias tecnologias garantem que os decisores políticos possam ver os riscos climáticos e as zonas mais vulneráveis.

- Aplicações do SIG: A implementação do SIG inclui o mapeamento de áreas propensas a inundações, a suscetibilidade da comunidade aos impactos climáticos e a atribuição óptima de recursos na preparação para catástrofes. O SIG foi incorporado no planeamento nacional em muitos países para reforçar a resiliência de um país ao lidar com o risco climático (McOmber et al., 2013) .

4.4.3 Grandes volumes de dados e IA

Os grandes volumes de dados e a IA revolucionaram a ciência climática e permitiram aos cientistas e aos profissionais analisar conjuntos de dados maciços a uma velocidade impressionante.

- Modelação preditiva: As inferências obtidas a partir desta análise podem ainda ser utilizadas em algoritmos de aprendizagem automática para prever os cenários climáticos em momentos futuros. Isto pode ainda ser utilizado para observar tendências ou padrões em áreas tão vastas como a agricultura, a gestão da água e a preparação para situações de catástrofe.
- As tecnologias móveis estão a tornar-se cada vez mais um meio de acesso ao SIA, especialmente quando não existe acesso a meios de comunicação mais convencionais.
- Aplicações móveis: Weather Underground, ClimaCell e iShamba- fornecem informações meteorológicas em direto, bem como previsões climáticas às pessoas. Estas aplicações informam e capacitam os indivíduos e as comunidades a agir utilizando dados climáticos exactos.

4.5 Quadros políticos de apoio ao SIA

São também necessárias políticas de apoio a nível nacional e internacional para que o SIA seja realizado corretamente. Os diferentes sectores devem ser incorporados no seu processo de tomada de decisão para incluir a informação climática.

4.5.1 Políticas nacionais em matéria de clima

Na maioria dos países, o CEI centra o desenvolvimento das políticas climáticas nacionais na adaptação e na resiliência. O esboço das disposições envolve frequentemente o reforço das infra-estruturas meteorológicas, a melhoria da recolha de dados e o aumento da acessibilidade dos mais vulneráveis à informação sobre o clima.

- Exemplos de casos:

  - Plano Nacional de Adaptação (PNA) das Filipinas. As informações sobre o clima devem ser integradas nos planos de desenvolvimento nacionais e locais em conceitos sobre o reforço da resiliência em todos os sectores.
  - O Quénia concentrou-se na melhoria dos serviços de informação climática para a agricultura e a redução do risco de catástrofes no seu Plano de Ação Nacional para as Alterações Climáticas.

4.5.2 Cooperação e acordos internacionais

Acordos internacionais, como o Acordo de Paris e a Convenção-Quadro das Nações Unidas sobre as Alterações Climáticas (CQNUAC), reconheceram que a informação climática é essencial para a ação climática internacional, tornando assim obrigatório que os Estados reforcem as suas actividades em matéria de recolha e partilha de dados climáticos.

- O Quadro Global para os Serviços Climáticos (GFCS): Foi iniciado pela OMM e tem como objetivo alargar o acesso e a utilização da informação climática. A cooperação internacional entre países, organizações e partes interessadas é reforçada, o que promove uma melhor melhoria do SIA e o acesso aos dados climáticos.

4.6 Desafios para melhorar o SIA em todo o mundo

Apesar do grande investimento no desenvolvimento e na implementação do SIA, há algumas questões que continuam por resolver e que degradam a sua usabilidade e acesso.

4.6.1 Lacunas na recolha de dados, má qualidade dos dados

A questão mais crítica do CIS é a escassez ou ausência de dados climáticos de boa qualidade, localizados e actuais. Na maioria dos países em desenvolvimento, não estão disponíveis quantidades suficientes e recursos relacionados para recolher e analisar sistematicamente os dados climáticos.

- Preenchimento de lacunas de dados: A melhoria das infra-estruturas meteorológicas, a formação e o reforço das capacidades podem reduzir alguns destes estrangulamentos. As organizações internacionais são vantajosas para colmatar as lacunas na qualidade dos dados, bem como na disponibilidade dos mesmos.

4.6.2 Acesso e comunicação

A informação climática continua a estar fora do alcance de todas as partes interessadas e, mais importante ainda, das mais vulneráveis. Existe uma enorme lacuna em termos de tecnologia, especialmente no que diz respeito aos smartphones e à Internet, que podem servir como meios de acesso à informação climática por parte de muitas comunidades rurais.

- Comunicação acessível: A informação deve ser acessível às populações mais vulneráveis e mal servidas através de meios de comunicação múltiplos, incluindo a rádio, reuniões comunitárias e línguas locais, que devem chegar às zonas mais remotas das zonas rurais.

4.6.3 Inclusão no processo de tomada de decisões

Embora forneça informações sobre o clima, a integração na arena da tomada de decisões sectoriais é uma tarefa difícil. Os decisores políticos e os profissionais carecem de informação ou de capacidade para utilizar os dados climáticos no planeamento e na prática.

- Reforço das capacidades: Este reforço de capacidades promove melhores aplicações da informação climática na prática. Surge a partir de processos que o concretizam, que são todos realizados através de programas de formação, workshops e plataformas de conhecimento.

4.7 Tendências futuras dos serviços de informação climática

O futuro dos serviços de informação climática será influenciado pela inovação tecnológica, pelo aumento dos níveis de parceria e por uma obsessão crescente com a sustentabilidade.

4.7.1 Tecnologia

As novas tecnologias, como a inteligência artificial, a análise de grandes volumes de dados e a teledeteção, continuarão a melhorar a exatidão, a atualidade e a utilidade da informação sobre o clima. Os melhoramentos nos aspectos tecnológicos incluirão uma maior resolução nas previsões, uma melhor gestão dos dados, sendo eficazes e eficientes, e sistemas de apoio à decisão com maior consistência e coerência.

- A utilização generalizada da IA na modelação e previsão climáticas enriquecerá o trabalho analítico relacionado com os dados climáticos, bem como com os riscos.

4.7.2 Cooperação e parceria reforçadas

As alterações climáticas são um desafio internacional transversal que exige a colaboração de países, organizações e comunidades.

O CIS será capaz de funcionar eficazmente à medida que partilha as melhores práticas, dados e recursos entre comunidades, aumentando assim a resiliência a nível local, nacional e internacional

Parcerias regionais

Serão estabelecidas parcerias regionais, incluindo o Centro Africano para a Política Climática e a Plataforma Europeia de Adaptação às Alterações Climáticas, que facilitarão o intercâmbio de conhecimentos e os esforços conjuntos em matéria de iniciativas de informação sobre o clima.

4.7.3 Equidade e inclusão

Será importante concentrar-se em permitir o acesso equitativo através da igualdade de oportunidades de acesso à informação sobre o clima, especialmente para as comunidades marginalizadas. Tais esforços facilitarão a equidade na conceção e entrega de CIS para criar resiliência e otimizar a eficácia da adaptação climática (Waiswa et al., 2007) .

- Abordagens participativas: O envolvimento das comunidades na formulação e fornecimento de informação sobre o clima garantirá que os serviços respondam às necessidades e contextos locais. Deste modo, a sua relevância e utilidade serão melhoradas.

CAPÍTULO CINCO

Inovações tecnológicas nos serviços de informação climática (CIS)

5.1 Introdução

As questões climáticas assumiram uma nova dimensão em termos de complexidade, o que exige novas tecnologias avançadas no domínio do SIA. As tecnologias relacionadas com a recolha, análise e divulgação de dados climáticos mudaram de forma, moldando-os em formas ainda mais precisas, acessíveis e acionáveis para apoiar a tomada de decisões intersectoriais. Este é um capítulo a partir do qual serão desconstruídas as mudanças técnicas que transformaram o SIA e a forma como, cumulativamente, moldaram a maneira como os dados climáticos são tratados para a sua contribuição para uma melhor resiliência e adaptação ao clima em todo o mundo (Balaghi et al., 2010) .

A grande inovação tecnológica na CEI pode ser amplamente categorizada em vários domínios, que estão maduros e são altamente aplicáveis. Estes incluem a teledeteção e as tecnologias de satélite, o SIG, a IA, o ML, a análise de grandes volumes de dados, a Internet das Coisas, as tecnologias móveis, a computação em nuvem e a cadeia de blocos. Estes são cada vez mais aplicados para responder à crescente procura de informações climáticas atempadas, precisas e localizadas que ajudem as comunidades e os governos a tomar melhores decisões face à variabilidade e às alterações climáticas.

5.2 Deteção remota e tecnologias de satélite

5.2.1 O papel da teledeteção no CIS

Talvez o maior salto tecnológico para o CIS na deteção remota torne possível uma ampla cobertura e medições contínuas da atmosfera, da terra e dos oceanos da Terra. A deteção remota é a capacidade de utilizar satélites e aeronaves para observar e medir parâmetros ambientais como a temperatura, a precipitação, a humidade do solo, a cobertura vegetal, a temperatura da superfície do mar e a dinâmica do gelo (McOmber et al., 2013) .

Por exemplo, a NASA, a ESA e outros lançaram vários satélites de observação da Terra com vários sensores a bordo que recolhem dados em diferentes comprimentos de onda. Estes satélites proporcionam um ângulo de visão alargado de todo o globo; por conseguinte, é necessário monitorizar vastos fenómenos climáticos como o El Niño, La Niña, a desflorestação e a fusão dos glaciares. Algumas das missões de satélite mais populares relacionadas com a monitorização do clima incluem

- Landsat (NASA/USGS): Imagens de alta resolução das alterações da superfície terrestre, como a desflorestação, a urbanização e a degradação dos solos.
- Sentinela (ESA): Condições de observação da Terra na terra, no mar e na atmosfera que incluem, mas não se limitam a, temperaturas da superfície do mar, cobertura florestal e concentrações de gases com efeito de estufa.
- MODIS (NASA): Propriedades atmosféricas e de superfície que incluem, mas não se limitam a, nuvens, temperatura da superfície terrestre e aerossol.
- GOES (NOAA): É a observação do tempo em tempo real, a maior parte da qual está relacionada com o seguimento de furacões e o desenvolvimento de tempestades, bem como com a radiação solar.

5.2.2 Aplicações dos dados de satélite na CEI

Os dados de satélite, obtidos através de deteção remota, são um dos principais recursos utilizados para a compreensão e mitigação das alterações climáticas. As aplicações dos dados de satélite no CIS incluem:

Estes satélites fornecem dados históricos e em tempo real, que são essenciais para compreender as tendências climáticas a longo prazo e para o desenvolvimento de modelos. Estes dados são úteis para projetar cenários climáticos futuros que permitam a aplicação adequada de políticas e estratégias destinadas a reduzir os riscos climáticos.

- Redução do risco de catástrofes: Os dados fornecidos pelos satélites têm vindo a ser cada vez mais aplicados na oferta de alertas precoces relativamente a fenómenos meteorológicos extremos, incluindo furacões, inundações e secas. Por exemplo, o Serviço de Gestão de Emergências Copernicus aplica imagens de satélite na determinação da extensão espacial das inundações e dos impactos dos incêndios florestais, bem como de outras catástrofes.
- Monitorização agrícola: O teor de humidade do solo, a saúde da vegetação e os padrões de crescimento são monitorizados através da utilização de tecnologias de deteção remota para ajudar na tomada de decisões agrícolas. As alterações resultantes de secas precoces podem ser seguidas e observadas por satélites, levando os agricultores a ajustar os seus comportamentos de plantação e irrigação de acordo com a necessidade determinada pelo satélite.
- Os satélites de gestão dos recursos hídricos ajudam a seguir os recursos hídricos em rios,

lagos e reservatórios, tornando assim eficaz a gestão dos recursos hídricos onde a água é escassa. A teledeteção também ajuda a seguir a taxa de fusão dos glaciares, a avaliar as alterações nos recursos de água doce devido às alterações climáticas e a monitorizar a variabilidade da massa de neve.

- Monitorização do nível do mar: Os satélites Jason-3 e Sentinel-6 aumentam a elevada precisão das medições da subida do nível do mar, que se tornam fontes cada vez mais úteis para compreender os impactos nas comunidades e ecossistemas costeiros, permitindo assim que as áreas que frequentemente sofrem inundações costeiras informem melhor as suas estratégias de adaptação.

5.2.3 Desenvolvimentos recentes no sector da deteção remota

Os avanços nas tecnologias de deteção remota aumentaram a resolução, a precisão e a frequência da recolha de dados climáticos. Alguns deles são;

- Imagens de alta resolução: As novas gerações de satélites de observação da Terra, como o Sentinel-2 e o WorldView-3, proporcionam resoluções mais elevadas do que as conseguidas até à data em missões anteriores, permitindo assim uma monitorização exaustiva das alterações ambientais. As imagens de alta resolução são muito úteis para monitorizar a desflorestação de áreas florestais, o desenvolvimento das cidades e a expansão urbana, e a agricultura.
- Imagens hiperespectrais: As imagens de alto espetro recolhem informações em todo o espetro de comprimentos de onda, oferecendo assim muitos detalhes sobre a composição da superfície da Terra. É aplicada na monitorização das condições de saúde da vegetação, das alterações na utilização dos solos e em estudos centrados nos impactos das alterações climáticas nos ecossistemas.
- Radar de Abertura Sintética (SAR): A tecnologia SAR permite a aquisição de dados climáticos independentemente das condições climatéricas, quer sejam nubladas ou nocturnas. A tecnologia SAR desempenha um papel muito importante na observação de inundações, movimento do gelo marinho e subsidência acima da terra.

5.3 Sistemas de Informação Geográfica (SIG)

5.3.1 O papel do SIG no SIA

As ferramentas mais importantes utilizadas para a análise e apresentação de dados climáticos incluem os Sistemas de Informação Geográfica (SIG) (Koks et al., 2019) . Os SIG englobam dados espaciais recolhidos em muitas áreas; por exemplo, as imagens de satélite, as estações meteorológicas e os sensores remotos ajudam frequentemente a produzir mapas e modelos altamente detalhados, úteis para obter informações sobre os riscos e vulnerabilidades actuais e futuros relacionados com o clima. Os SIG permitem que os decisores políticos examinem a distribuição espacial do clima e os efeitos do impacte para conceber estratégias de adaptação e atenuação específicas, dando um contexto espacial à informação sobre o clima (Douben, 2006) .

O SIG ajuda na resiliência climática fornecendo um mapa das áreas vulneráveis. Estes mapas revelam áreas altamente susceptíveis aos riscos climáticos, incluindo áreas inundadas e áridas que sofrem secas. Os governos, ao traçarem este mapa, podem destacar áreas para se adaptarem às intervenções.

- Efeitos das alterações climáticas nas infra-estruturas: É possível ver, através da modelação SIG, como as alterações climáticas afectarão a parte crítica da infraestrutura, como estradas, pontes, centrais eléctricas, etc. Por exemplo, os modelos SIG prevêem a forma como a subida do nível do mar afectará as infra-estruturas costeiras, permitindo assim aos responsáveis pelo planeamento formular projectos de infra-estruturas resistentes ao clima.
- Planeamento urbano: As ferramentas GIS são cada vez mais utilizadas no planeamento urbano para analisar os riscos potenciais de calor extremo, inundações e outros perigos relacionados com o clima. Os SIG ajudam as cidades a desenvolver planos de adaptação climática em infra-estruturas verdes, gestão de águas pluviais e conceção de edifícios resistentes.

5.3.2 Aplicações SIG importantes na CEI

Os SIG são cada vez mais aplicados na maioria dos sectores que dependem de informações climáticas. Algumas das principais aplicações do SIG no CIS incluem;

- **Agricultura**: O SIG pode ser aplicado pelos agricultores para otimizar as culturas através do mapeamento dos tipos de solo, da elevação, da precipitação e dos padrões de temperatura. Assim, através de dados climáticos espaciais, os agricultores podem decidir onde e quando são plantadas determinadas culturas, decidir a altura de as regar e gerir as pragas.

- **Gestão dos recursos hídricos**: Desde a modelação das áreas de captação dos recursos hídricos até à monitorização das bacias hidrográficas e à avaliação dos recursos de água doce, o SIG torna-se um elemento essencial na gestão adequada dos recursos quando está em causa a escassez de água.
- **Redução do risco de catástrofes**: Os SIG podem encontrar zonas com riscos de inundação, pontos críticos de incêndios florestais e zonas propensas a deslizamentos de terras. A combinação de dados climáticos sobrepostos aos mapas de densidade populacional pode ajudar a indicar exatamente onde os riscos climáticos representam uma grande ameaça para a vida humana e as infra-estruturas.
- **Saúde pública**: O SIG é amplamente utilizado em aplicações de saúde pública para registar a ocorrência de doenças sensíveis ao clima, como a malária e a febre de dengue. O SIG pode prever onde é provável que ocorram surtos e, consequentemente, concentrar a atenção e os recursos.

5.3.3 Desenvolvimento das tecnologias SIG

Os avanços nas tecnologias CIS acrescentaram uma dimensão à aplicação do SIG nesses domínios:

- **Mapeamento 3D**: Com os avanços na tecnologia SIG 3D, a topografia, as infra-estruturas e as cidades podem ser modeladas com muito mais clareza. Isto revelar-se-ia muito útil na avaliação dos riscos climáticos em ambientes complexos ou regiões montanhosas com cidades densamente povoadas.
- **Plataformas de SIG baseadas na Web**: As plataformas de SIG baseadas na Web, como o ArcGIS Online e o Google Earth Engine, percorreram um longo caminho para facilitar o acesso a dados climáticos espaciais e a sua análise e difusão em mapas fáceis de compreender. Assim, os dados espaciais sobre o clima podem agora ser utilizados em colaborações em tempo real para criar interação no mapa a partir de qualquer parte do mundo.
- **Dados obtidos através de crowdsourcing**: As plataformas baseadas em SIG podem agora incorporar dados obtidos por crowdsourcing de cientistas cidadãos. Consequentemente, as comunidades podem até fazer parte da monitorização do clima. Por exemplo, a natureza das plataformas do tipo OpenStreetMap permite aos utilizadores cartografar em tempo real

as alterações na utilização dos solos e a desflorestação, bem como outros eventos que afectam o ambiente.

5.4 CIS AI/ML

5.4.1 Papel da IA e do ML na CEI

A inteligência artificial e a aprendizagem automática são também ferramentas de alto nível para apoiar a exatidão e a eficiência no tratamento dos dados climáticos. De facto, estas tecnologias devem ser aplicadas ao tratamento de grandes volumes de dados climáticos, à identificação de padrões e à elaboração de previsões para cenários climáticos futuros.

Estes métodos de IA e ML transformaram a CEI.

- **Modelação preditiva**: A análise de dados climáticos históricos utilizando algoritmos de IA permite prever futuros padrões meteorológicos, bem como eventuais fenómenos extremos e tendências climáticas. Estes modelos são ainda mais precisos do que as previsões meteorológicas a longo prazo, as perspectivas sazonais e as projecções climáticas para períodos mais longos.
- **Processamento automatizado de grandes volumes de imagens de satélite e dados de sensores quase em tempo real:** Os algoritmos de ML podem detetar automaticamente fenómenos relacionados com o clima, como incêndios florestais, inundações e desflorestação, o que promete monitorizar o clima de forma mais rápida e eficiente.
- **Avaliação do risco climático**: A IA é utilizada para fundir diferentes conjuntos de dados, que incluem os modelos climáticos, os dados socioeconómicos e os dados relativos às infra-estruturas para avaliar o risco climático. As avaliações de risco baseadas na IA ajudam a equipar os decisores políticos para compreenderem melhor as alterações climáticas que acabarão por afetar as comunidades e infra-estruturas vulneráveis.

5.4.2 Aplicações da IA e do ML na CEI

As aplicações de IA e ML têm sido aplicadas em vários sectores relacionados com as questões climáticas, incluindo a agricultura, a gestão da água, a redução do risco de catástrofes e a energia. Algumas das aplicações mais significativas incluem:

- **Previsão agrícola**: A IA é aplicada para prever o rendimento das culturas a partir de condições climáticas específicas, da saúde do solo e de dados agrícolas históricos. As previsões permitiram aos agricultores ajustar melhor os calendários de plantação e otimizar a irrigação e a utilização de fertilizantes, garantindo assim a redução da possibilidade de fracasso das colheitas devido à variabilidade do clima.

- **Previsão de cheias**. Os algoritmos de ML são aplicados na elaboração de previsões de inundações; medem possibilidades como a precipitação, os níveis de água nos rios e a humidade dos solos, e esta previsão é utilizada para ativar sistemas de alerta precoce, permitindo que as comunidades evacuadas actuem antes da catástrofe.
- **Previsão da procura de energia**: A IA é utilizada para prever a procura de energia com base nas condições climáticas, no crescimento da população e nas actividades económicas. As empresas de serviços públicos podem basear-se nestas previsões para otimizar a distribuição de recursos energéticos renováveis, como a energia eólica e solar, para garantir a estabilidade da rede.

5.4.3 Avanços nas tecnologias de IA e ML

As capacidades de análise da IA avançada e do ML foram agora amplamente melhoradas com os últimos avanços:

- **Aprendizagem profunda**: Os algoritmos de aprendizagem profunda, que imitam a arquitetura das redes neuronais do cérebro, têm sido utilizados para processar dados climáticos muito complexos. Mostram, em particular, uma grande utilidade para distinguir e identificar padrões em imagens de satélite através, por exemplo, da cobertura vegetal ou da dinâmica das camadas de gelo.
- **PNL**: As tecnologias de PNL permitem à IA ler e compreender textos que descrevem dados climáticos, como relatórios científicos, artigos noticiosos e redes sociais. Além disso, com a PNL, é possível seguir os sentimentos do público em relação às alterações climáticas, compreender os riscos emergentes associados ao clima e avaliar o desempenho das políticas climáticas.
- **Computação periférica**: A computação periférica permite que os algoritmos de IA e ML processem localmente os dados climáticos. Por conseguinte, elimina o processamento desses dados num único local central. Especialmente em áreas remotas que não dispõem de ligação à Internet, isto torna-se valioso, possibilitando a monitorização do clima em tempo real e a tomada de decisões.

5.5 Análise de grandes volumes de dados na CEI

5.5.1 Influência do Big Data no CIS

A análise de grandes volumes de dados é o processo de recolha, armazenamento e análise de grandes quantidades de dados climáticos produzidos através de várias fontes, incluindo satélites, estações meteorológicas, sensores remotos, redes sociais e aplicações móveis. O volume de dados produzidos pelo CIS é tão grande que são necessárias ferramentas analíticas avançadas para processar e obter informações valiosas.

A análise de grandes volumes de dados permite:

- **Integração de dados**: Isto acontece através da integração de dados provenientes de diferentes fontes. Consequentemente, a análise de grandes volumes de dados proporciona maiores níveis de consciência situacional relativamente às condições climáticas, o que significa que é possível tomar decisões informadas com precisão. Por exemplo, saber como os serviços comunitários estão a ser afectados pelas alterações climáticas pode ser recolhido a partir de relatórios socializados via satélite e nas redes sociais.
- **Modelação climática**: A análise de megadados é efectuada em modelos climáticos sofisticados concebidos para simular cenários climáticos futuros, assumindo vias de emissão específicas de gases com efeito de estufa. Esses modelos podem ajudar a planear futuras intervenções de governos e organizações relativamente a aspectos de mudança de temperatura, alterações do nível do mar e condições meteorológicas extremas.
- **Avaliação do impacto**: A análise de grandes volumes de dados é utilizada para determinar o impacto das alterações climáticas nos ecossistemas, nas infra-estruturas e nas economias. A este respeito, por exemplo, as ferramentas de megadados estão equipadas com a capacidade de quantificar as perdas sofridas pela economia resultantes de um furacão, seca ou incêndio florestal, ajudando assim os governos a identificar os procedimentos de recuperação e, consequentemente, a afetar fundos suficientes.

5.5.2 Aplicações de Big Data do CIS

A análise de grandes volumes de dados é atualmente aplicada em numerosos sectores que dependem da informação climática, como a agricultura, as finanças, a redução do risco de catástrofes e a saúde pública. Alguns exemplos destas aplicações são:

- **Agricultura inteligente face ao clima**: Utiliza a análise de grandes volumes de dados para otimizar as práticas agrícolas, como a análise dos dados relativos ao clima, à saúde dos solos e ao desempenho das culturas. Os agricultores tomariam decisões informadas sobre a plantação, a irrigação e a colheita, reduzindo o risco de fracasso das colheitas e aumentando a segurança alimentar.

- **Seguros e finanças**: O sector dos seguros continua a explorar cada vez mais os grandes dados analíticos na avaliação dos riscos climáticos e na conceção de produtos de seguros relacionados com o clima. Isto porque as seguradoras utilizam dados climáticos para avaliar a probabilidade de fenómenos meteorológicos extremos, como furacões ou inundações, e depois determinam as implicações financeiras que podem ter para os seus segurados.
- **Saúde pública**: Doenças sensíveis ao clima, como a malária e a dengue, cuja propagação é monitorizada através da análise de grandes volumes de dados. Com base no facto de as condições climáticas, a densidade populacional e as infra-estruturas de saúde poderem prever o provável surto, as autoridades de saúde pública afectam mais recursos a estas áreas.

5.5.3 Avanços na análise de grandes volumes de dados

Os avanços na análise de grandes volumes de dados expandiram as capacidades do CIS para suportar uma maior precisão e eficiência na análise de dados:

- **Computação em nuvem**: As plataformas de grandes volumes de dados e de análise da Amazon e da Google Cloud permitem um armazenamento e uma potência escaláveis para processar grandes volumes de grandes volumes de dados. As organizações poderão analisar grandes volumes de dados climáticos em tempo real, melhorando a atualidade das previsões climáticas e das avaliações de risco.
- **Ferramentas de visualização de dados**. As novas ferramentas de visualização de dados assumem a forma, por exemplo, de Tableau e Power BI, através das quais os utilizadores podem criar painéis interactivos de dados climáticos num formato fácil de compreender. Estas ferramentas permitirão aos decisores explorar visualmente os dados climáticos - que são muito mais do que a soma das suas partes - e possivelmente encontrar padrões e tendências não aparentes nos dados em bruto.
- **Análise em tempo real**: Os avanços na análise em tempo real permitem ao CIS processar e analisar dados climáticos em tempo real ou mesmo à medida que são recolhidos. Isto faz com que a diferença entre a tomada de decisões e a execução correta seja muito mais rápida. Por exemplo, no caso dos sistemas de alerta precoce de catástrofes, a análise em

tempo real permite que as comunidades recebam imediatamente alertas sobre potenciais perigos, como inundações e incêndios florestais.

5.6 Internet das coisas (IoT) na CEI

5.6.1 Papel da IoT na CEI

A Internet das Coisas é a ligação em rede de dispositivos e sensores que podem recolher e trocar dados através da Internet. No contexto do SIA, os dispositivos IoT são utilizados para recolher dados climáticos em tempo real de diferentes fontes, como estações meteorológicas, sensores remotos, drones e aplicações móveis.

A IoT permite;

- **Recolha de dados em tempo real**: Aquisição de dados em tempo real Utilizando dispositivos IoT, todos os parâmetros ambientais, como a temperatura, a humidade, a velocidade do vento e a humidade do solo, podem ser monitorizados em tempo real. A informação torna-se um input enviado para bases de dados centrais onde os dados são analisados para informar as previsões climáticas e as avaliações de risco.
- **Monitorização de áreas remotas ou de difícil acesso**: Os dispositivos IoT são úteis para monitorizar o clima em regiões remotas ou inacessíveis, como montanhas e desertos ou zonas oceânicas profundas. Um exemplo disto é a utilização de bóias equipadas com a Internet das Coisas para monitorizar a temperatura da superfície do mar e a altura das ondas em tempo real para apoiar a investigação oceanográfica.
- **Melhoria dos modelos climáticos**: Os dados em tempo real fornecidos pelos dispositivos IoT são utilizados para melhorar os modelos climáticos. Estes dados fornecem informações actuais sobre as condições ambientais, o que implica que as tendências climáticas se tornam mais previsíveis no que respeita a padrões meteorológicos, eventos extremos e clima a longo prazo.

5.6.2 Utilização da IoT pela CEI

- A IdC tem sido aplicada em vários sectores sensíveis ao clima, incluindo a agricultura, a gestão da água, a energia e a redução do risco de catástrofes. Alguns exemplos são:
- **Agricultura de precisão**: Os sensores IoT são utilizados na agricultura de precisão para monitorizar em tempo real a humidade do solo, a temperatura e os níveis de humidade. A exploração agrícola utiliza estes dados para a prática de irrigação mais eficiente com o

menor consumo de água possível, o que permite obter maiores rendimentos das culturas.

- **Dispositivos IoT para uma gestão inteligente da água**: Os dispositivos IoT são fornecidos com monitorização do nível da água em rios, lagos e reservatórios, pelo que os níveis actuais da água são fornecidos em tempo real à gestão dos recursos hídricos. Os sistemas inteligentes de gestão da água podem ajustar automaticamente as atribuições de água com base nas condições prevalecentes para uma utilização eficiente dos recursos hídricos disponíveis em regiões com escassez de água.
- **Sistemas de alerta precoce de catástrofes**: Os sensores com capacidade IoT medem as condições ambientais que podem indicar o início de uma catástrofe. Por exemplo, os sensores podem medir a subida do nível da água nos rios, o aumento da velocidade do vento ou o aumento das actividades sísmicas. Os dados rapidamente captados são utilizados para estabelecer sinais de alerta precoce, que permitem às comunidades tomar medidas preventivas antes da ocorrência de uma catástrofe.

5.6.3 Avanços nas tecnologias IoT

Os recentes desenvolvimentos nesta tecnologia da Internet das Coisas vieram tornar as capacidades do CIS muito mais e mais eficientes, uma vez que podem recolher dados de forma mais eficiente e com maior precisão:

- **Redes de área alargada de baixa potência (LPWAN)**: As tecnologias LPWAN incluem LoRaWAN e Sigfox. Os dispositivos IoT utilizarão as LPWAN para recolher dados a baixa potência mas a longa distância. Isto pode ser importante para a implantação de sensores IoT numa área que pode ser demasiado remota ou que não pode ser alcançada utilizando redes de comunicação normais.
- **Computação periférica**: Com a computação de ponta, os dispositivos IoT podem trabalhar no processamento local de dados. Assim, a utilização do processamento centralizado de dados é minimizada. Isto permite a análise no local de dados em tempo real e a tomada de decisões, mesmo numa localização remota com conetividade mínima à Internet.
- **Tecnologia de drones**: Os drones baseados na IoT estão também a ser cada vez mais utilizados em zonas remotas inacessíveis para a monitorização do clima. Neste contexto, os drones podem fornecer os dados necessários sobre a humidade e a temperatura do solo e a saúde da vegetação nas terras agrícolas, o que será muito útil para a fraternidade agrícola (Aggarwal et al., 2010) .

5.7 Computação em nuvem e armazenamento de dados na CEI

5.7.1 O papel da computação em nuvem na CEI

Devido aos recursos de computação escaláveis e a pedido, a computação em nuvem facilitou um maior armazenamento, processamento e divulgação de dados climáticos. As plataformas de computação em nuvem permitem ao CIS armazenar grandes quantidades de dados, executar modelos climáticos abrangentes e partilhar informações climáticas com os utilizadores em tempo real (Damba et al., 2021) .

Benefícios da computação em nuvem para o CIS;

- **Escalabilidade**: A escalabilidade das soluções de computação em nuvem depende do volume de dados que precisam de ser processados, e esses grandes volumes de conjuntos de dados podem ser processados pelo CIS sem qualquer investimento prévio importante.
- **Processamento de dados em tempo real**: O processamento em tempo real dos dados climáticos através da computação em nuvem permitirá ao CIS oferecer prontamente previsões, alertas precoces e avaliações de risco.
- **Colaboração e partilha de dados**: As plataformas baseadas na nuvem ajudam na colaboração e na partilha de dados entre investigadores, decisores políticos e organizações. Por exemplo, a OMM utiliza plataformas baseadas na nuvem para partilhar dados climáticos com os estados-membros e também os ajuda a desenvolver previsões climáticas localizadas.

5.7.2 Aplicação da computação em nuvem na CEI

A computação em nuvem é aplicada em várias aplicações do CIS, como a previsão do tempo, a modelação climática e a redução do risco de catástrofes. Algumas das principais aplicações incluem:

- **Previsão meteorológica**: Os modelos meteorológicos que fornecem condições climáticas a curto e longo prazo são executados em plataformas de computação em nuvem. É necessária uma enorme quantidade de capacidade computacional para processar todos os dados recolhidos por satélites, estações meteorológicas e sensores remotos.
- **Modelação climática**: A computação em nuvem é utilizada para executar modelos climáticos sofisticados numa grelha virtual que simula as alterações das emissões de gases com efeito de estufa nas temperaturas globais, nos padrões de precipitação e na subida do nível do mar. Estes modelos ajudam os governos e as organizações a planear as alterações

climáticas, fornecendo previsões das condições climáticas futuras (Singh et al., 2018) .

- **Redução do risco de catástrofes**: As aplicações baseadas na nuvem são utilizadas para armazenar e analisar dados de sistemas de alerta precoce de catástrofes, o que é fundamental para observar as condições ambientais em tempo real. Por exemplo, a aplicação em nuvem é utilizada no processamento de dados de sensores com IoT que monitorizam os níveis dos rios, fornecendo assim avisos de inundação (Dookie, 2020) .

5.7.3 Tecnologias de computação em nuvem em voga

As melhorias introduzidas nas tecnologias de computação em nuvem expandiram as capacidades do CIS para processar dados de forma mais eficiente, incluindo armazenamento e processamento mais rápidos.

- **Computação sem servidor**: As plataformas de computação sem servidor, das quais fazem parte o AWS Lambda e o Google Cloud Functions, permitem ao CIS alojar aplicações sem ter de gerir qualquer infraestrutura subjacente. Isto reduz significativamente o custo e a complexidade da execução dos modelos climáticos e do processamento dos dados climáticos.
- **Nuvem híbrida**: Os híbridos são facilitadores para que o CIS combine serviços de nuvem pública e infra-estruturas de nuvem privada. O CIS pode então utilizar mais flexibilidade e controlo no alojamento e processamento de dados, especialmente adequado para organizações que lidam com dados sensíveis devido a regulamentos ou necessidades de segurança específicas.
- **IA baseada na nuvem**: o CIS está a integrar cada vez mais capacidades de IA e de aprendizagem automática nestas plataformas de nuvem, graças às quais esses modelos analíticos e preditivos podem ser executados em grandes conjuntos de dados; por exemplo, a IA do Google Cloud e a IA do Microsoft Azure apresentam as ferramentas que permitem analisar imagens de satélite, previsão de padrões meteorológicos e avaliação dos riscos climáticos.

5.8 Tecnologia de cadeia de blocos na CEI

5.8.1 O CEI e o papel da cadeia de blocos

A tecnologia de cadeias de blocos é suscetível de melhorar a transparência, a segurança e a rastreabilidade dos dados climáticos do SIA. Uma cadeia de blocos é um livro-razão descentralizado e distribuído que regista as transacções de forma segura e transparente. Aplicada ao SIA, a cadeia de blocos pode ser usada para verificar a exatidão dos dados climáticos, rastrear a proveniência das fontes de dados e garantir que qualquer informação climática não possa ser adulterada (Selvaraju et al., 2011) .

A cadeia de blocos permite

- **Integridade dos dados**: Neste caso, a natureza da tecnologia de cadeia de blocos garante que os dados climáticos são preservados de uma forma que não pode ser alterada ou modificada. Isto é muito importante para garantir a integridade dos registos climáticos, por exemplo, medições de temperatura, dados de precipitação, inventários de emissões de carbono, etc.
- **Relatórios transparentes sobre o clima**: A cadeia de blocos pode ser utilizada para acompanhar e verificar os relatórios sobre o clima elaborados por empresas e governos, por exemplo, sob a forma de dados sobre as emissões de gases com efeito de estufa, o que melhorará a transparência e a responsabilização dos relatórios sobre o clima, contribuindo para que os esforços de atenuação do clima se baseiem em dados exactos.
- **Contrato inteligente para serviços climáticos**: Com a cadeia de blocos, pode ser implementado um contrato inteligente para executar e implementar acordos auto-executáveis com condições predefinidas para desencadear determinadas acções. No contexto do CIS, a utilização de contratos inteligentes pode facilitar automaticamente as transacções relacionadas com o clima em termos de execução de pagamentos de créditos de carbono ou de avanço na prestação de serviços de informação climática (Ngigi & Muange, 2022a) .

5.8.2 Aplicações da cadeia de blocos na CEI

A tecnologia Blockchain é aplicada em vários sectores relacionados com o clima, como o comércio de carbono, o financiamento do clima e a comunicação de informações sobre o clima. Entre as aplicações críticas incluem-se;

- **Comércio de créditos de carbono**: A cadeia de blocos é utilizada para rastrear e validar os créditos de carbono nos mercados de comércio de carbono. Através do registo transparente e seguro das transacções de carbono, a cadeia de blocos garante que os créditos de carbono são bem contabilizados e que as reduções de emissões são corretamente verificadas (Ouyang & Lee, 2020) .

- **Financiamento climático**: A cadeia de blocos no financiamento do clima é utilizada na gestão do fluxo transacional para uma maior eficiência dos fundos em projectos de adaptação e atenuação das alterações climáticas. Por exemplo, as cadeias de blocos podem ajudar a rastrear o fluxo de fundos dos doadores para os destinatários, para garantir a transparência e a responsabilização no financiamento do clima.
- **Relatórios sobre o clima**: O Blockchain é usado para verificar a legitimidade dos relatórios climáticos apresentados por empresas, governos e organizações. Quando as informações sobre o clima são armazenadas num livro-razão descentralizado, a cadeia de blocos garante que os relatórios sobre o clima são transparentes, exactos e invioláveis.

5.8.3 Avanços nas tecnologias de cadeia de blocos

Os recentes avanços nas tecnologias de cadeia de blocos alargaram a sua longa lista de utilizações no CIS:

- **Cadeias de blocos eficientes em termos energéticos**: As mais recentes tecnologias de cadeia de blocos, como PoS e PoA, são bastante eficientes em termos energéticos em comparação com a tecnologia de cadeia de blocos tradicional PoW. Desta forma, a cadeia de blocos torna-se ainda mais sustentável para a gestão de dados climáticos, uma vez que reduz a pegada de carbono associada às transacções de cadeia de blocos.
- **Interoperabilidade**: Os avanços na interoperabilidade da cadeia de blocos garantem que várias redes de cadeias de blocos interagem entre si e interligam os fluxos de dados. A integração de dados climáticos baseados em cadeias de blocos com outras plataformas do CIS é bastante valiosa; garantiria que a informação climática fosse transmitida sem qualquer quebra entre diferentes sistemas.

5.9 Desafios e oportunidades em matéria de inovações tecnológicas para a CEI

Apesar das inúmeras formas como as inovações tecnológicas melhoraram as capacidades do SIA, a sua aplicação apresenta ainda vários desafios:

- **Lacunas de dados**: Algumas áreas, especialmente os países em desenvolvimento, carecem de dados climáticos de qualidade devido à ausência de infra-estruturas e recursos disponíveis para esse efeito. Essas lacunas exigirão, portanto, um investimento significativo em infra-estruturas meteorológicas, no desenvolvimento de capacidades e na partilha de dados.

- **Acessibilidade**: Um dos desafios é a acessibilidade, uma vez que a informação climática deve ser acessível a todas as partes interessadas, especialmente aos grupos vulneráveis. Em muitas comunidades, pode haver falta de acesso a qualquer tipo de Internet, smartphone ou outras formas de ferramentas digitais que são essenciais para obter informações sobre o clima.
- **Integração tecnológica**: A integração de diferentes tecnologias, como a IA, a IoT e a cadeia de blocos, numa plataforma CIS é um esforço dispendioso que exige muitos recursos. Estas tecnologias exigirão uma interação e colaboração contínuas entre investigadores, criadores de tecnologia e decisores políticos para que funcionem eficazmente (Tall et al., 2018) .

Apesar destes desafios, continuam a existir grandes oportunidades potenciais para uma maior inovação nos CEI:

- **IA e ML na análise preditiva**: A aplicação da IA e do ML no CIS ainda se encontra numa fase incipiente, mas existe um grande potencial para permitir que estas tecnologias aumentem a exatidão e a atualidade das previsões climáticas; este potencial será muito maior quando houver mais avanços na IA e no ML.
- **Plataformas de dados descentralizadas**: Novas plataformas de dados descentralizadas podem ser desenvolvidas através da aplicação de tecnologias de cadeia de blocos e ampliarão a transparência e a segurança dos dados climáticos. Isto permitirá uma partilha de dados e uma cooperação mais eficazes entre regiões e sectores.
- **Expansão das redes IoT**: Quanto mais redes IoT forem desenvolvidas, melhor será a monitorização do clima, mesmo em regiões inacessíveis. À medida que os custos dos sensores IoT forem diminuindo, mais comunidades poderão obter informações sobre o clima em tempo real, o que lhes permitirá lidar melhor com as alterações climáticas.

CAPÍTULO SEIS

Impacto da CEI na agricultura e no desenvolvimento económico

6.1 Introdução

A agricultura é um dos sectores mais vulneráveis aos impactos das alterações climáticas. As alterações da temperatura e do padrão de precipitação, bem como os fenómenos climáticos extremos, como as inundações e as secas, ameaçam os sistemas de produção de alimentos, os meios de subsistência das populações rurais e as economias nacionais. Face ao crescimento constante da população mundial, os sistemas agrícolas resilientes e sustentáveis tornam-se muito mais importantes do que nunca. O CIS surgiu assim como um serviço importante que pode satisfazer as necessidades em tempo real dos agricultores e da agroindústria em termos de dados meteorológicos em tempo real, previsões sazonais e alertas precoces de perigos relacionados com o clima (Selvaraju et al., 2011) .

Através de informações úteis para a tomada de decisões sobre calendários de plantação, gestão da irrigação, controlo de pragas e calendário de colheitas, o CIS ajuda os agricultores a otimizar as práticas agrícolas. Nos níveis económicos mais elevados, o CIS contribui ao reduzir as perdas financeiras atribuídas aos choques agrícolas induzidos pelo clima e através de melhorias no nível geral de desenvolvimento económico, promovidas por melhorias na segurança alimentar, um aumento dos rendimentos rurais e da produtividade agrícola.

Este capítulo abordará o importante papel que o SIA desempenha na agricultura e no desenvolvimento económico, especialmente com base em estudos de casos, análises estatísticas e uma visão do potencial transformador do SIA para criar resiliência face às alterações climáticas e promover o crescimento sustentável da economia.

6.2 Papel da agricultura no desenvolvimento económico mundial

6.2.1 A agricultura como pilar económico

Muitas economias dependem da agricultura, especialmente nos países subdesenvolvidos, onde a maioria das pessoas depende da agricultura, uma vez que esta é a fonte de rendimento de muitos dos residentes. A Organização para a Alimentação e a Agricultura afirma que mais de 60% da população de um país pobre está envolvida na agricultura e contribui com uma percentagem significativa do PIB. Por exemplo, a agricultura representa quase 23% do PIB da África Subsariana e emprega cerca de 70% da força de trabalho.

Para além do emprego direto e da geração de rendimentos, a agricultura também tem sido considerada uma fonte de importância económica indireta através de uma série de indústrias relacionadas com a transformação, o transporte, e o comércio a retalho, por exemplo, que contribuem significativamente para o desenvolvimento de vastas áreas das regiões rurais e urbanas. A agricultura desempenha um papel importante na economia no que respeita ao comércio, porque a maioria dos países depende dos produtos agrícolas exportados para obter divisas (Asrat & Simane, 2018; Singh et al., 2018) .

No entanto, a sua contribuição para o crescimento é vulnerável às alterações climáticas. A variabilidade da precipitação, o aumento das temperaturas e os fenómenos meteorológicos extremos podem conduzir a quebras de colheitas, perdas de gado e declínios de produtividade, afectando assim a segurança alimentar, os rendimentos rurais e a estabilidade económica nacional.

6.2.2 Alterações climáticas e agricultura: A ameaça emergente

De acordo com o Painel Intergovernamental sobre as Alterações Climáticas, um dos sectores mais vulneráveis aos impactos das alterações climáticas é a agricultura. As temperaturas internacionais já estão a subir, alterando os padrões de precipitação e aumentando a frequência e a intensidade de fenómenos meteorológicos extremos, o que já está a perturbar os sistemas agrícolas em todo o mundo.

Esta situação conduziu a uma maior variabilidade, em que algumas zonas são afectadas por secas mais intensas do que anteriormente e outras zonas podem ser demasiado inundadas pela chuva. O pior exemplo pode ser dado na África Subsariana, onde as secas aumentaram em frequência e duração e se registaram quebras muito acentuadas nos rendimentos da produção agrícola e também na produção animal. As monções do Sul da Ásia tornaram-se, no entanto, bastante imprevisíveis e causam dificuldades aos agricultores que necessitam da chuva certa para o crescimento das suas culturas. Com o aumento das alterações climáticas, é necessária uma maior produção de alimentos, que deverá ser efectuada em condições climáticas cada vez mais incertas. Este facto reforça a necessidade de informações climáticas mais acessíveis e oportunas/precisas do que nunca (Dookie, 2020) .

6.3 Serviços de informação climática: Um facilitador da resiliência agrícola

O SIA provou ser uma ferramenta essencial para aumentar a resistência da agricultura às alterações climáticas. Oferece informação climática atual e relevante aos agricultores. Isto permite-lhes tomar decisões informadas que optimizam a utilização dos recursos, minimizam os riscos e aumentam a produtividade.

6.3.1 Componentes do SIA que beneficiam a agricultura

Os componentes mais importantes do SIA para a agricultura são:

- **Previsões meteorológicas**: As previsões meteorológicas de curto prazo permitem aos agricultores aceder a dados meteorológicos para cada dia ou semana, o que os ajuda muito a planear as operações agrícolas do dia a dia, como a plantação, a irrigação ou a aplicação de estrume ou pesticidas. Estas previsões meteorológicas ajudam a evitar as perdas que os agricultores podem sofrer devido a alterações climáticas.
- **Previsões climáticas sazonais**: As previsões sazonais fornecem informações sobre a possível precipitação, temperatura e outras variáveis climáticas da região durante um período de alguns meses. Estas previsões podem ajudar os agricultores a tomar decisões estratégicas a longo prazo em relação a que cultura plantar, quando plantar e o seu calendário de rega com base no tipo de condições climáticas que a época de plantação terá.
- **Sistemas de alerta precoce (EWS)**: O EWS fornece excelentes avisos de fenómenos climáticos extremos, como secas, inundações ou ondas de calor, permitindo que os agricultores preparem medidas adequadas de prevenção. Neste sentido, o EWS provou ser uma ferramenta muito importante para proteger as culturas e o gado de outros riscos relacionados com o clima.
- **Serviços de aconselhamento agrícola**: O CIS inclui frequentemente serviços de aconselhamento sobre recomendações agronómicas que são direcionadas de acordo com as condições climáticas regionais. Por exemplo, durante os períodos de seca, o CIS fornecerá variedades de culturas ou técnicas de poupança de água que podem diminuir os impactos da redução da precipitação.

6.3.2 Benefícios do SIA para os agricultores

Segue-se um resumo dos benefícios que o SIA tem para os agricultores:

- **Rendimento optimizado das culturas**: A otimização baseada no clima dos calendários de plantação e das práticas de irrigação conduziu a um crescimento e rendimento máximos das culturas. O CIS reduz o risco de fracasso das colheitas devido a condições climatéricas inesperadas.
- **Custos de insumos mais baixos**: O SIA permite que os agricultores utilizem de forma

inteligente os factores de produção agrícola disponíveis, como a água, os fertilizantes e os pesticidas. Por exemplo, a este respeito, as previsões corretas da chuva podem ajudar os agricultores a reservar a utilização da água e, por conseguinte, a diminuir os custos de irrigação, poupando mais recursos hídricos.

- **Reforço da resiliência aos choques climáticos**: O SIA pode permitir que os agricultores se adaptem melhor à variabilidade climática, fornecendo avisos precoces de fenómenos climáticos extremos. Esses avisos precoces darão ao agricultor tempo para tomar medidas preventivas, como proteger o gado ou as culturas, limitando assim as perdas e o tempo de recuperação dos choques climáticos.
- **Aumento da segurança alimentar**: Uma vez que aumenta a produtividade agrícola e minimiza as quebras de safra, o CIS proporciona segurança alimentar tanto a nível familiar quanto nacional. Nas áreas onde a agricultura é uma fonte significativa de alimentos, o CIS garante a disponibilidade de alimentos e a não escassez de alimentos.

6.4 Estudos de caso: O SIA no desenvolvimento agrícola

Para ilustrar o impacto do SIA na agricultura e no desenvolvimento económico, esta secção apresentará vários estudos de casos de diferentes regiões do mundo, demonstrando a integração bem sucedida do SIA nas práticas agrícolas.

6.4.1 Índia: Serviços agro-meteorológicos para os agricultores

A Índia é um dos principais produtores de produtos agrícolas do mundo; mais de 50% da população depende deste sector. O sector tem vários problemas com a variabilidade climática e as estações das monções são bastante variáveis. O IMD colaborou com o ICAR para criar serviços agro-meteorológicos destinados a fornecer ao agricultor previsões meteorológicas precisas em tempo real e aconselhamento sobre as melhores práticas de cultivo e colheita para essa estação específica.

- **Serviço de** Aconselhamento **Agrometeorológico**: o AAS fornece ao agricultor conselhos agrícolas baseados no tempo através de SMS, emissões de rádio e reuniões comunitárias. Esta informação é fornecida com base em previsões meteorológicas localizadas e perspectivas climáticas e abrange datas de plantação, gestão da irrigação e controlo de pragas.
- **Impacto na produtividade agrícola**: O ICAR estudou que o rendimento das culturas aumentou em 15-20% no caso dos agricultores que acedem ao AAS, em comparação com os que não têm acesso a informações sobre o clima. O serviço reduziu ainda mais o custo

dos factores de produção para os agricultores através de uma utilização optimizada da água, dos fertilizantes e dos pesticidas.

- **Efeito económico**: O AAS afectou positivamente os rendimentos do sector rural e contrariou potenciais perdas financeiras devido a choques adversos na agricultura relacionados com o clima. Ao fornecer informações meteorológicas atempadas, o serviço proporciona aos agricultores os meios para tomarem decisões informadas que conduzem a melhorias de produtividade e rentabilidade.

6.4.2 Quénia: Plataforma iShamba para pequenos agricultores

A agricultura está no centro da economia do Quénia, uma vez que mais de 75% da sua população está envolvida na agricultura. Os pequenos agricultores lideram a produção agrícola e são também os mais vulneráveis à variabilidade das alterações climáticas, especialmente nas regiões propensas a secas e de precipitação irregular. A plataforma iShamba fornece serviços móveis de informação climática que fornecem actualizações meteorológicas em tempo real e aconselhamento agronómico através de um serviço de mensagens curtas aos pequenos agricultores.

- **Caraterísticas da Shamba**: A plataforma oferece previsões meteorológicas específicas para cada ponto e avisos sobre as culturas , bem como informações sobre preços aos agricultores rurais. Serão emitidos avisos precoces de fenómenos meteorológicos extremos, incluindo secas e inundações, para que os agricultores se possam preparar melhor para esses fenómenos.
- **Impacto na Produtividade Agrícola**: O iShamba contribuiu para a melhoria do rendimento das culturas e para a redução das perdas resultantes da variabilidade climática. Os agricultores afirmam que, com a utilização da plataforma, a sua decisão sobre quando plantar, os horários de irrigação e o controlo de pragas em momentos apropriados melhoraram com o aumento da produtividade agrícola.
- **Ganhos económicos**: O sítio permitiu aos pequenos agricultores aumentar a sua base de rendimentos, melhorando a produtividade das culturas e reduzindo as perdas nas culturas, aumentando assim o seu rendimento potencial. Além disso, o iShamba permitiu que os agricultores recebessem o melhor valor pelas colheitas, fornecendo informações sobre os preços de mercado, aumentando assim o seu bem-estar económico.

6.4.3 Brasil: CIS baseado em satélite para agricultura em larga escala

O Brasil tornou-se uma potência mundial na produção de alimentos, especialmente de soja, cana-de-açúcar e café. Os agricultores do país são também bastante mecanizados e dependem de alta tecnologia para uma produção óptima. O CIS refere-se ao serviço de informação climática que preenche a lacuna de informação meteorológica para os agricultores de grande escala para uma melhor tomada de decisões.

- **Instituto Nacional de Pesquisas Espaciais (INPE)**: O INPE opera uma rede de satélites que rastreiam as condições meteorológicas, o estado de humidade dos solos, bem como o estado de saúde vegetativa no país. As informações geradas por esses satélites são utilizadas para fornecer informações climáticas em tempo real aos agricultores e, assim, eles estão em posição de planear adequadamente as suas actividades agrícolas.
- **Impacto na produtividade agrícola**: Através da aplicação do CIS baseado em satélite, a produtividade agrícola no Brasil melhorou. Uma vez que o sistema permitiria uma melhor otimização das datas de plantação, das práticas de irrigação e do calendário de aplicação de fertilizantes, é possível melhorar a produtividade. Existe também um sistema de alerta precoce para secas ou inundações, o que certamente proporcionaria proteção às culturas contra os riscos relacionados com o clima.
- **Ganhos económicos**: O CIS no Brasil transformou o país numa superpotência agrícola. O SIA aumentou a resistência do sector agrícola à variabilidade climática, enquanto os rendimentos rurais melhoraram. Os benefícios acumulados nas áreas do CIS se estendem aos agronegócios e exportadores, uma vez que o aumento da produtividade agrícola melhora a competitividade do Brasil globalmente.

6.5 A CEI e o desenvolvimento económico sustentável

O impacto do SIA na agricultura vai para além da melhoria do rendimento das culturas e da redução dos riscos. A melhoria da produtividade agrícola contribui para um desenvolvimento económico mais amplo, especialmente nas zonas onde a agricultura domina a economia e é uma fonte de rendimento e de emprego.

6.5.1 A CEI e a redução da pobreza

A pobreza continua a concentrar-se nas zonas rurais da maioria dos países em desenvolvimento, onde as pessoas dependem da agricultura para os seus meios de sobrevivência. A vulnerabilidade à variabilidade e às alterações climáticas representa, por conseguinte, um maior agravamento para as comunidades rurais, uma vez que as quebras de colheitas, as perdas de gado e a diminuição da produtividade agrícola conduziram à insegurança alimentar e à perda de rendimentos.

O SIA reduz a pobreza rural ao dotar os agricultores de uma melhor gestão dos riscos climáticos e da otimização da utilização dos recursos. O aumento da produtividade agrícola traduzir-se-ia em maiores rendimentos para os agricultores, o que lhes permitiria investir na educação, nos serviços de saúde e noutros serviços essenciais. O SIA também contribui para melhorar a segurança alimentar das comunidades rurais, reduzindo a vulnerabilidade das populações rurais aos choques provocados pelas condições climáticas.

6.5.2 A CEI e a segurança alimentar

O SIA é crucial para aumentar a produtividade agrícola e, por conseguinte, a segurança alimentar nessas zonas. Uma vez que a produção de alimentos é sensível ao clima, como acontece na África Subsariana e no Sul da Ásia, o CIS contribui para um abastecimento alimentar estável, uma vez que dota o agricultor da informação necessária para fazer uma escolha fundamentada sobre a escolha das culturas, o calendário de plantação e as práticas de irrigação.

- **A CEI e os desafios globais da fome**: A FAO prevê que cerca de 690 milhões de pessoas sofram de fome crónica em todo o mundo, um número que deverá aumentar à medida que os efeitos das alterações climáticas se forem fazendo sentir. O CIS pode contribuir para a luta contra os efeitos colaterais da variabilidade climática na agricultura através da intensificação da resiliência do sistema agrícola e, por conseguinte, contribuir significativamente para o Objetivo 2 do ODS: Fome Zero.

6.5.3 CEI e resiliência económica

O SIA reduz as perdas financeiras decorrentes de choques agrícolas relacionados com o clima, reduzindo assim os impactos económicos que ocorrem em regiões onde a agricultura constitui um componente primário do PIB. O fracasso das colheitas e as perdas de gado reduzem os rendimentos rurais, ameaçam o abastecimento de alimentos e aumentam as despesas do governo com a assistência a catástrofes.

O SIA minimiza as perdas económicas causadas pela variabilidade climática através da redução dos impactos de fenómenos meteorológicos extremos e da otimização das práticas agrícolas. Isto, por conseguinte, aumenta a resiliência económica das comunidades rurais e das economias nacionais, uma vez que estas recuperam mais rapidamente do choque causado pelo clima.

6.5.4 O SIA no contexto dos ODS

O SIA contribui para a realização dos seguintes Objectivos de Desenvolvimento Sustentável, especialmente no que diz respeito aos aspectos da ação climática, da segurança alimentar e do crescimento económico:

- **ODS 2: Fome Zero**: O CIS melhora a segurança alimentar através do aumento da produtividade agrícola, reduzindo o risco de quebra de safra. Equipar os agricultores com as informações certas para gerir os riscos climáticos faz com que o CIS contribua para os esforços internacionais para acabar com a fome e permitir que todos tenham acesso a alimentos saudáveis e seguros.
- **ODS 8: Trabalho digno e crescimento económico**: A CEI promove o crescimento económico, uma vez que aumenta o rendimento das pessoas nas zonas rurais e ajuda a acabar com a pobreza. O reforço da resiliência dos sistemas agrícolas à variabilidade climática contribuirá para meios de subsistência sustentáveis e para o crescimento económico global.
- **ODS 13: Ação Climática**: Com o CIS, a organização ajuda agricultores, decisores políticos e empresas a tomar as decisões necessárias com informações climáticas adequadas e oportunas. Isto é importante em termos de aumento da resiliência dos sistemas agrícolas aos impactes da variabilidade climática, contribuindo assim para a adaptação às alterações climáticas.

6.6 Desafios na implementação do SIA para a agricultura

Tem o potencial de ser uma técnica útil para aumentar a produtividade agrícola, bem como as oportunidades económicas e de desenvolvimento. No entanto, apesar disso, continuam a existir áreas de desafios na implementação do CIS, especialmente nos países em desenvolvimento (Popoola et al., 2020) .

6.6.1 Limitação do acesso à tecnologia

A maioria dos agricultores dos meios rurais e dos países em desenvolvimento não tem acesso à tecnologia necessária para aceder à informação climática. Um exemplo disto são os telemóveis; embora bastante difundidos, os smartphones e a ligação à Internet são raros e podem, por isso, dificultar o acesso dos agricultores a plataformas CIS mais sofisticadas.

6.6.2 Baixa literacia climática

Muitos pequenos agricultores sabem pouco ou não têm as competências necessárias para atuar com base na informação climática. Sem educação, os agricultores não têm a capacidade de compreender as implicações que as previsões climáticas têm para eles em termos de ajustamento das suas práticas para responderem à variabilidade climática (Waiswa et al., 2007) .

6.6.3 Infra-estruturas meteorológicas limitadas

Nalgumas regiões, este fenómeno tem sido causado pela falta de infra-estruturas para a prestação de serviços meteorológicos, o que diminui a disponibilidade de dados climáticos de alta qualidade. As previsões podem ser incompletas ou insuficientes, o que reduz a eficiência do SIA no apoio à tomada de decisões agrícolas.

6.7 A CEI e o desenvolvimento económico: O futuro da agricultura

Os desafios à produtividade agrícola e à segurança alimentar, colocados pelas alterações climáticas, intensificam a importância do SIA para ampliar o desenvolvimento económico sustentável que promove. Várias tendências moldam o futuro do SIA na agricultura:

- **Avanços tecnológicos**: A implementação de tecnologias emergentes como a inteligência artificial, a aprendizagem automática e a cadeia de blocos no SIA aumentará a exatidão e a disponibilidade da informação climática, permitindo assim tipos mais exactos de decisões agrícolas.
- **Parcerias Público-Privadas**: A cooperação entre os governos, as empresas privadas e as organizações internacionais será fundamental para aumentar a escala do CIS em termos de chegar a todos os agricultores, especialmente os que vivem em locais remotos e mal servidos.
- **Reforço do SIA**: A expansão do SIA será fundamental para garantir que mais agricultores, especialmente os de pequena escala, adquiram informações climáticas que ajudem e reforcem a resiliência face às alterações e à variabilidade climáticas.

CAPÍTULO SETE

Barreiras e desafios à adoção do SIA

7.1 Introdução

A CEI oferece possibilidades revolucionárias para aumentar a resistência às alterações climáticas, melhorar a produtividade agrícola e promover o desenvolvimento sustentável. No entanto, a sua adoção é baixa na maioria das regiões. Tais barreiras e desafios impedem a implementação e a adoção eficazes do SIA, especialmente nos países em desenvolvimento onde os impactos da variabilidade climática são mais sentidos. Estes incluem factores tecnológicos, infra-estruturais, socioeconómicos e institucionais que deixaram as comunidades vulneráveis e os grupos mais marginalizados com pouco ou nenhum acesso e aplicação da informação climática.

Neste capítulo, discutimos várias barreiras do SIA e as suas implicações para as regiões, sectores e outras partes interessadas. Apresentamos também estratégias e soluções promissoras para as ultrapassar, de modo a que o SIA possa ser alargado de forma a permitir um acesso e utilização equitativos da informação climática.

7.2 Barreiras tecnológicas à adoção da CEI

7.2.1 Falta de infra-estruturas tecnológicas adequadas

Os principais inibidores da adoção do CIS são as fracas infra-estruturas tecnológicas, especialmente nos países em desenvolvimento e nos distritos rurais. A prestação de serviços de informação climática efectiva requer uma rede profissionalmente estabelecida de estações meteorológicas, satélites, tecnologias de deteção remota e sistemas de processamento de dados. A maioria das regiões está privada de infra-estruturas básicas que permitam facilmente a aquisição, o processamento e a divulgação de informações climáticas fiáveis e oportunas - sendo a África Subsariana, o Sudeste Asiático e parte da América Latina as mais significativas.

- **Poucas redes de estações meteorológicas**: O número de estações meteorológicas na maioria dos países é muito inferior às normas mínimas prescritas pela OMM. Uma implicação importante e prejudicial de um número tão escasso de estações meteorológicas é a grande lacuna de dados, especialmente em zonas remotas e rurais onde o clima local pode ser muito diferente da previsão nacional. O SIA não seria então aplicado no melhor interesse dos agricultores, dos gestores da água e de outros utilizadores.
- **Equipamento envelhecido e obsoleto**: Muitas zonas enfrentam o envelhecimento e a obsolescência das estações meteorológicas e do equipamento meteorológico; assim, as

informações conexas geradas seriam pouco fiáveis e incompletas. Não há investimentos actuais para a renovação das infra-estruturas meteorológicas.

- **Acesso deficiente a dados de satélite**: Os satélites são uma boa fonte de dados climáticos, mas a maioria dos países não possui a tecnologia e as infra-estruturas adequadas para aceder, processar e analisar os dados de satélite. Os satélites são relativamente caros e é necessária competência técnica na aplicação da informação para utilizar os satélites na monitorização e previsão do clima.

7.2.2 Fosso digital e acesso à tecnologia

Um dos principais desafios da adoção do SIA é o fosso digital - a falta de Internet e de redes móveis na maioria destas áreas, para não falar de outras ferramentas de comunicação. Fora das zonas rurais desprovidas de todas estas facilidades, bem como dos países sem litoral, insuficientemente equipados com ferramentas como smartphones, computadores ou mesmo ligação à Internet, uma comunidade não pode ser regularmente esclarecida sobre as informações climáticas.

- **Lacunas na cobertura da rede móvel**: Embora os telemóveis sejam quase omnipresentes hoje em dia, ainda existem lacunas significativas na cobertura das redes móveis. As redes móveis podem nem sempre estar disponíveis e ser fiáveis para os agricultores ou as suas famílias nessas zonas rurais ou remotas, pelo que não podem receber alertas/previsões meteorológicas/avisos agrícolas através de plataformas CIS baseadas em telemóveis.
- **Indisponibilidade de telemóveis e outros dispositivos digitais**: O acesso a telemóveis ou outros dispositivos digitais que podem ligar-se à informação climática e processá-la simplesmente não existe para a grande maioria dos pequenos agricultores, pescadores e outros cidadãos rurais. É claro que não seria possível fornecer CEIs altamente sofisticados, como aplicações móveis ou plataformas baseadas na Internet, em locais onde prevalece a utilização de telemóveis simples.
- **O acesso à Internet é demasiado dispendioso nas zonas pobres**: em muitas zonas pobres, a Internet não está disponível a um preço acessível. Assim, isto limita a capacidade dos utilizadores de acederem a serviços de informação a partir da Internet, o que permite o acesso a qualquer informação relevante sobre o clima. É ainda pior se os dados móveis forem caros ou não estiverem disponíveis, porque isso limitará a possibilidade de as pessoas receberem actualizações ou mesmo informações climáticas bem detalhadas.

7.2.3 Limitações à obtenção de dados e à sua qualidade

Mesmo em territórios onde existem infra-estruturas da CEI, a qualidade e a consistência dos dados climáticos nem sempre são corretas. Alguns destes problemas são por vezes causados pela falta de formação do pessoal, por métodos de recolha não normalizados e por problemas técnicos na transferência de dados.

- **Procedimento de recolha de dados incoerente**: Por exemplo, em diferentes países, a recolha de dados climáticos difere regionalmente e de uma instituição para outra, o que contribui em parte para a inconsistência dos dados climáticos utilizados na modelação e previsão. Não existe um protocolo seguido durante os procedimentos de recolha e comunicação de dados climáticos, o que resulta na falta de informação climática correta ou adequada e, por sua vez, reduz a eficácia do CIS.
- **Lacunas de dados em regiões montanhosas e vulneráveis**: Os Estados insulares, as zonas áridas e as regiões montanhosas são locais impossíveis de instalar estações meteorológicas ou infra-estruturas de monitorização. Consequentemente, não existe a possibilidade de efetuar previsões atempadas acompanhadas de comunidades de alerta nessas regiões.
- **Credibilidade do SIA**: Em algumas regiões, as comunidades locais possuem conhecimentos tradicionais adequados e válidos relacionados com as condições meteorológicas ou alterações ambientais. Estes conhecimentos continuam a ser largamente excluídos dos sistemas oficiais do SIA, o que constitui uma oportunidade perdida para aumentar a credibilidade e a utilidade do SIA.

7.3 Restrições financeiras à adoção do SIA

7.3.1 Infra-estruturas e tecnologia Custos infra-estruturais e tecnológicos

O desenvolvimento, a manutenção e o funcionamento do CIS requerem enormes investimentos, principalmente em infra-estruturas meteorológicas, tecnologia de satélite e sistemas de processamento de dados. É muito dispendioso para a maioria dos países em desenvolvimento com baixos rendimentos construir e manter estações meteorológicas, adquirir dados de satélite e preparar pessoal para utilizar a plataforma do CIS.

- **Elevados custos de capital**: Todo o funcionamento de uma rede de estações meteorológicas, a compra de um recetor de satélite e o custo das ferramentas de análise de dados exigem custos de capital iniciais muito elevados. Este é um dos principais inconvenientes do investimento no CIS para os países com orçamentos apertados para os serviços climáticos.

- **Custos operacionais e de manutenção**: Para além do investimento, o SIA tem de suportar custos operacionais e de manutenção recorrentes para manter o equipamento em estado de funcionamento e recolher dados. A maioria dos países enfrenta dificuldades em manter um financiamento sustentável para tais projectos, com um risco acrescido de falha do equipamento e falta de dados, o que resulta em serviços de menor qualidade.
- **Dependência dos doadores**: O CIS no mundo em desenvolvimento é em grande parte dependente dos doadores, por exemplo, organizações internacionais, bancos de desenvolvimento e ONGs. O financiamento dos doadores, embora útil como apoio provisório, não é sustentável, pelo que o CIS corre o risco de sofrer cortes após a ocorrência de um evento em que os projectos possam ser concluídos.

7.3.2 Inacessibilidade do financiamento climático

Embora o mecanismo internacional de financiamento do clima, iniciado com o GCF e especialmente centrado nas iniciativas relativas às alterações climáticas no âmbito do GEF, tenha sido criado, a maioria dos países e regiões sofre ao aceder a fundos para o desenvolvimento e a expansão dos CEI. As candidaturas ao financiamento do clima tendem a ser complicadas e morosas, exigindo conhecimentos técnicos e capacidade institucional, para os quais os países de baixos rendimentos estão gravemente limitados.

- **Obstáculos administrativos ao acesso ao financiamento**: O processo de acesso ao financiamento climático é burocrático, com uma quantidade significativa de documentação e requisitos de informação. Na maioria dos países, as fracas estruturas de governação ou a fraca capacidade institucional tornam praticamente impossível a execução dos procedimentos, que muitas vezes atrasam ou fazem perder oportunidades de acesso ao financiamento de projectos da CEI.
- **Fraca participação do sector privado**: Pouca participação do sector privado no desenvolvimento e na expansão dos serviços climáticos do SIA, utilizando PPP.
- **Risco do investimento na CEI**: O investimento na CEI é arriscado, com baixas perspectivas de retorno, o que é coerente com regiões de baixo rendimento ou climaticamente vulneráveis.

7.4 Barreiras institucionais e de governação

7.4.1 Fraca capacidade institucional

Um dos obstáculos institucionais relevantes para a adoção do CIS está relacionado com a fraca capacidade institucional em termos de desenvolvimento, implementação, bem como gestão e implementação eficaz de serviços de informação climática. Na maior parte dos países em desenvolvimento, as agências governamentais destinadas a esses fins têm sido muito subfinanciadas, com pouco pessoal e sem capacidades técnicas para uma plataforma avançada de CIS.

- **Falta de formação e de competências**: A implementação do CIS necessita efetivamente de pessoal bem formado em meteorologia, análise de dados e TI. A maioria dos países tem falta de pessoal qualificado para gerir a infraestrutura do CIS, analisar os dados climáticos e divulgar a informação aos utilizadores finais.
- **Coordenação intersectorial deficiente**: A integração do CIS exige a coordenação de sectores, como a agricultura, a gestão dos recursos hídricos, a saúde e a redução do risco de catástrofes, entre outros. No entanto, em muitos países, não existem quadros institucionais que possam promover a coordenação intersectorial. Como resultado, os esforços para desenvolver e divulgar informações sobre o clima têm sido fragmentados.
- **O apoio institucional às administrações locais é fraco**: Em qualquer sistema descentralizado de governação, as administrações locais são os principais agentes de prestação de serviços e, na maioria das vezes, não dispõem de recursos, formação e capacidade institucional para executar corretamente os CIS. Por conseguinte, os serviços são fragmentados, especialmente nas regiões rurais e remotas.

7.4.2 Barreiras políticas e regulamentares

Este é um dos principais obstáculos à adoção e expansão dos CIS. Em muitos países, os serviços climáticos não estão bem integrados nos planos nacionais de desenvolvimento ou nas políticas sectoriais específicas. Assim, este facto compromete o empenho institucional no investimento e na expansão dos CIS.

- **Não existem estratégias nacionais em matéria de clima**: A maioria dos países implementou planos nacionais de adaptação às alterações climáticas, mas, na maioria deles, o SIA não está especificamente abrangido por essa estratégia. Por esta razão, o apoio político e económico para desenvolver o SIA é mínimo; o SIA continua a não ser utilizado em sectores-chave como a agricultura, a gestão da água e a saúde.

- **Implementação inconsistente da política**: Mesmo nos países que incluem o SIA nas suas políticas nacionais, a implementação pode variar a nível regional e local. Por exemplo, as políticas climáticas nacionais não mostram que essa informação tenha constituído um processo de tradução em planos tangíveis para o governo local, limitando assim a capacidade de as comunidades acederem e utilizarem essa informação.
- **Barreiras regulamentares na partilha de dados**: Os dados climáticos, que são partilhados entre departamentos governamentais, centros de investigação e empresas privadas, enfrentam frequentemente o obstáculo das barreiras regulamentares. Em alguns países, a partilha de dados é restringida por leis relativas à privacidade, preocupações com a propriedade intelectual ou silos institucionais que impedem facilmente que os dados climáticos sejam utilizados de forma eficiente em todos os sectores.

7.5 Barreiras sociais e culturais

7.5.1 Falta de conhecimento e sensibilização para o SIA

O SIA é sobretudo um recurso escasso e menos prevalecente noutras comunidades, tanto nas comunidades rurais como nas marginalizadas. Estas pessoas, na sua maioria agricultores e pescadores, sabem pouco sobre o SIA ou sobre os seus potenciais benefícios; mesmo que tenham acesso a informação climática, podem não a compreender e podem não saber interpretá-la e aplicá-la.

- **A maioria dos países não se esforça por realizar campanhas de sensibilização do público**: A maior parte dos países não se esforça por aumentar a sensibilização para a presença do SIA e para a sua utilidade como meio de exercer controlo sobre os impactos das alterações climáticas. Na ausência de campanhas de sensibilização específicas, os principais utilizadores são as comunidades rurais que não têm conhecimento dos benefícios do SIA e da forma de lhes aceder.
- **Barreiras ao acesso à informação sobre o clima**: Mesmo que seja possível aceder à informação, esta é apresentada em termos científicos que não são praticáveis para uma compreensão não científica. Por exemplo, os termos científicos para a previsão do tempo, ou as mensagens gráficas que apresentam condições meteorológicas preocupantes, não podem ser lidos pelos agricultores ou pelas comunidades rurais, apresentando-se como uma informação que nem sequer utilizariam.

7.5.2 Serviços de informação climática e desigualdade de género

Além disso, a desigualdade entre os sexos é outro desafio para a adoção do SIA; as mulheres nas zonas rurais raramente têm oportunidade de aceder à informação sobre o clima, que é geralmente dominada pelos homens. Os factores socioeconómicos, bem como as normas culturais e as barreiras estruturais, limitam a participação das mulheres nos processos de tomada de decisão ou em qualquer forma de acesso aos recursos.

- **Acesso das mulheres à tecnologia**: Na maioria das zonas rurais, as mulheres têm acesso limitado ou nulo a telemóveis, à Internet e a outras tecnologias de comunicação. Isto, por conseguinte, reduz o seu acesso à informação climática nas plataformas móveis do CIS.
- **Exclusão dos serviços de extensão na agricultura**: Enquanto na maior parte dos países os serviços de extensão aos agricultores e o acesso à informação sobre o clima e aos conselhos agronómicos se dirigem principalmente aos homens, as mulheres que desempenham um papel importante na agricultura são excluídas desses serviços devido a limitações culturais ou por serem consideradas como não sendo as responsáveis pela tomada de decisões nas explorações agrícolas.
- **Inibidores culturais do envolvimento das mulheres**: Em algumas áreas específicas, a cultura local prescreve e obriga os papéis das mulheres que as desencorajam de participar em eventos comunitários ou procedimentos que exijam a tomada de decisões em que a informação climática é partilhada. Como consequência, existem desvantagens na sua capacidade de aprender e utilizar o CIS e na sua eventual contribuição para as acções tomadas relativamente aos riscos climáticos percebidos.

7.5.3 Confiança e credibilidade do SIA

Para a maioria das comunidades, há sempre uma questão de autenticidade e fiabilidade do CIS em relação às questões climáticas, porque as suas experiências passadas têm sido de previsões não autênticas ou não fiáveis. Em muitos casos, a desconfiança emana da falta de confiança em instituições externas ou agências governamentais.

- **Falta de confiança nas instituições governamentais**: existe uma profunda desconfiança em algumas instituições governamentais em partes das regiões, especialmente nas comunidades mais marginalizadas. Esta desconfiança pode facilmente transbordar para o CIS se essa informação for proveniente de agências governamentais ou entendida como parte de uma abordagem de adaptação climática do topo para a base.

- **Previsões incertas ou não fiáveis**: Em última análise, o SIA tem de ganhar a confiança dos utilizadores finais. A este respeito, é menos provável que as comunidades tomem decisões utilizando o CIS se as previsões meteorológicas ou os alertas precoces tiverem corrido mal ou se tiverem tornado menos previsíveis no passado. Isto pode ter um impacto negativo na adoção e utilização geral do CIS, mesmo que este esteja disponível.

7.6 Desafios para facilitar a distribuição do CEI às comunidades vulneráveis e marginalizadas

7.6.1 Barreira de acessibilidade do SIA às comunidades remotas e isoladas

Uma das principais desvantagens da adoção do SIA é que o serviço de fornecimento de informações climáticas pode ser difícil de prestar em comunidades distantes e isoladas, onde as infra-estruturas e a conetividade são reduzidas. Estas são normalmente as comunidades mais vulneráveis aos impactos climáticos, mas são as comunidades mais inacessíveis com o método de fornecimento do SIA tradicionalmente aplicado.

- **Isolamento geográfico**: As zonas das aldeias podem estar localizadas em montanhas remotas, pequenas ilhas ou outros territórios menos povoados que não estão equipados com as infra-estruturas necessárias para receber informações climáticas, como redes móveis, ligação à Internet ou emissões de rádio. O acesso ao SIA não é possível e não se pode tomar qualquer medida direta em relação aos riscos climáticos.
- **Barreiras de transporte e comunicação:** Em algumas partes do país, a inadequação das infra-estruturas de transporte e comunicação influencia a receção tardia da informação climática das agências governamentais ou ONG por parte dos grupos vulneráveis. Esta situação é ainda mais grave nas zonas onde os fenómenos meteorológicos extremos danificaram as estradas ou a rede de comunicações.

7.6.2 Integração dos conhecimentos indígenas e locais

É verdade que, na maior parte das regiões, as populações locais e indígenas possuem diferentes conhecimentos valiosos relacionados com as condições meteorológicas regionais, as alterações climáticas e outras questões de gestão dos recursos, mas esses conhecimentos não são, na sua maioria, incluídos no SIAF; por conseguinte, existe uma desconexão entre as práticas locais e a informação científica sobre o clima.

- **Marginalização dos conhecimentos indígenas**: O CIS tende normalmente a evitar ou a minar o envolvimento dos sistemas de conhecimento indígenas e locais quando é desenvolvido. No entanto, na prática, pode oferecer uma maior precisão relativamente à informação climática. Por conseguinte, a relevância cultural que normalmente seria exibida no sistema seria significativamente reduzida e o SIA pode não ser adotado ativamente pelas comunidades indígenas e locais.

- **Oportunidades de integração**: Gradualmente, está a reconhecer-se a necessidade de incluir os conhecimentos indígenas e locais no SIA, para que este se torne um serviço climático mais holístico e relevante para o contexto. O SIA poderia tornar-se mais relevante e útil oferecendo pacotes combinados de informação científica e conhecimentos tradicionais às comunidades locais em áreas remotas ou marginais.

7.7 Ultrapassar as barreiras de acesso e utilização do SIA: respostas e abordagens

De facto, os obstáculos à adoção do SIA são muito fortes, mas podem ser imaginadas muitas estratégias e soluções para ultrapassar esses obstáculos, de modo a que o SIA possa ser muito mais utilizado. Sugerem-se a seguir algumas estratégias possíveis para eliminar ou atenuar os obstáculos tecnológicos, financeiros, institucionais e sociais à adoção do SIA.

7.7.1 Melhoria das infra-estruturas tecnológicas

Além disso, os investimentos em infra-estruturas tecnológicas tornaram o CIS expansivo e eficaz. Isto incluiu um aumento da densidade das estações meteorológicas, bem como a melhoria do equipamento de observação meteorológica e dos dados de satélite e das tecnologias de teledeteção.

- **Parcerias público-privadas para o desenvolvimento de infra-estruturas**: O financiamento pelo CIS através de parcerias público-privadas para o desenvolvimento de infra-estruturas será efectuado. Haverá uma expansão da rede de estações meteorológicas através do investimento do sector privado, da melhoria da cobertura da rede móvel e do acesso a dados de satélite.
- **Inovações tecnológicas de baixo custo**: Em algumas zonas rurais ou pobres do mundo, a infraestrutura social poderia ser igualmente rica com inovações tecnológicas de baixo custo, tais como estações meteorológicas alimentadas por energia solar e até sistemas simples de monitorização baseados na comunidade. Estas abordagens seriam mais baratas de manter e mais viáveis nos países pobres.

7.7.2 Aumentar o acesso ao financiamento da luta contra as alterações climáticas

O financiamento climático refere-se ao acesso ao financiamento para as alterações climáticas. Uma condição prévia para o apoio ao desenvolvimento do SIA em regiões de baixos rendimentos e em regiões vulneráveis ao clima será o aumento do acesso ao financiamento climático, o desenvolvimento e a expansão do SIA através da colaboração entre governos, organizações internacionais e o sector privado. Isto deverá significar um acesso menos complicado ao financiamento climático, ao mesmo tempo que se melhora o financiamento atribuído aos projectos CEI.

- **Acesso simplificado ao financiamento da luta contra as alterações climáticas**: Os mecanismos internacionais de financiamento do clima, GCF e GEF, devem ter procedimentos de candidatura menos pesados para os países que procuram financiamento através de actividades relacionadas com o SIA. Isto simplificará o acesso de mais países aos fundos, ajudando-os no desenvolvimento e expansão dos serviços climáticos.
- **Promoção do investimento do sector privado**: Promover o investimento do sector privado na CEI. As empresas privadas têm a possibilidade de mobilizar recursos suplementares através de parcerias público-privadas (PPP), nomeadamente através de incentivos fiscais, subsídios e outras facilidades financeiras.

7.7.3 Melhorias na capacidade institucional e na governação

O reforço das capacidades institucionais é igualmente importante para a aplicação e a gestão efectivas do SIA. É necessário formar pessoal, melhorar a coordenação intersectorial e manter uma política que apoie a integração do SIA nos planos nacionais.

- **Reforço de capacidades e formação**: É necessário um maior investimento, tanto a nível governamental como das organizações internacionais, na formação de meteorologistas, analistas de dados e gestores do CIS para ajudar o pessoal a adquirir competências técnicas no manuseamento e gestão dos serviços climáticos. A ser desenvolvido tanto a nível nacional como local, com poder para os governos locais para capacitar a prestação de CIS às comunidades rurais.
- **Desenvolvimento de um quadro político de apoio**: Os governos nacionais fornecerão um quadro político de apoio através da inclusão do CIS nas estratégias nacionais de adaptação e desenvolvimento climático. O tipo de políticas centrar-se-á no investimento em serviços climáticos, promoverá a coordenação intersectorial e garantirá que o CIS seja

integrado em sectores-chave, incluindo a agricultura, a gestão da água e a saúde.

CAPÍTULO OITO

Parcerias público-privadas na CEI

8.1 Introdução

Os Serviços de Informação Climática (SIC) são vitais para atenuar os impactos das alterações climáticas, reduzir as perdas e os danos através da sua economia, aumentar a produtividade agrícola e tornar as comunidades mais resistentes. O sector público desempenha um papel fundamental na prestação e regulamentação dos SIC; no entanto, o sector privado apercebe-se cada vez mais do valor dos dados climáticos como uma ferramenta para a gestão dos riscos de continuidade das actividades e para a tomada de decisões. Esta crescente consciencialização fez com que as PPP se tornassem o instrumento mais poderoso para a expansão e desenvolvimento do SIA.

As Parcerias Público-Privadas para o CIS reúnem o melhor dos sectores públicos - dos investimentos públicos em infra-estruturas, investigação e políticas. Ao mesmo tempo, invoca a inovação, a eficiência e o financiamento do sector privado. Este tipo de parceria é extremamente relevante para resolver os desafios técnicos, financeiros e operacionais, que abundam e são especialmente pronunciados em regiões em desenvolvimento com recursos escassos.

Este capítulo examina o papel das PPP na expansão do CIS; a dinâmica envolvida nessa colaboração; e a forma como as PPP podem ultrapassar as barreiras à adoção, tal como descrito nos capítulos anteriores. O capítulo é aprofundado por estudos de caso, análise de políticas e discussão sobre tendências futuras que fornecerão uma imagem abrangente de como as PPP podem promover a inovação e expandir o acesso a serviços críticos de informação climática em todo o mundo.

Compreender as parcerias público-privadas na CEI

Definição de Parcerias Público-Privadas na CEI

As parcerias público-privadas na CEI são um tipo de colaboração formal entre agências governamentais, organizações internacionais e empresas privadas para desenvolver, financiar, operar e divulgar serviços de informação climática. Na CEI, as PPP são frequentemente construídas em torno de esforços conjuntos para melhorar a recolha de dados, a previsão climática, a transferência de tecnologia, a prestação de serviços e a divulgação. Estas parcerias são geralmente configuradas de modo a que as vantagens do sector público - como o poder regulador, a disponibilidade de dados públicos e o alinhamento da adaptação nacional às estratégias climáticas - sejam combinadas com o know-how, a eficiência e as capacidades financeiras do sector privado.

Um modelo de PPP para o CIS pode ser:

Modelos de financiamento conjunto em que os sectores público e privado financiam infra-estruturas meteorológicas ou plataformas CIS.

- **Acordos de partilha de dados**: As agências meteorológicas dos governos podem acordar com as indústrias privadas a conceção de produtos climáticos específicos para as suas necessidades.
- **Projectos conjuntos de I&D**: Estes projectos envolvem esforços de colaboração para melhorar a exatidão e o carácter atempado das previsões e previsões climáticas através de tecnologia de ponta, como a IA e a aprendizagem automática, e de imagens de satélite.
- **Programas de sensibilização do público desenvolvidos em conjunto**: Os governos cooperam com as indústrias privadas para facilitar a distribuição massiva de informação climática às populações agrícolas, pescadores e outras populações rurais.

8.2.2 Principais intervenientes nas PPP da CEI

Uma parceria público-privada na CEI inclui uma vasta gama de partes interessadas, que contribuem com uma combinação diferente de recursos, conhecimentos e objectivos para a parceria. Os intervenientes típicos nas PPP da CEI são:

- **Governos nacionais**: Os serviços e institutos meteorológicos nacionais lideram frequentemente o desenvolvimento do SIA, uma vez que os governos estabelecem quadros regulamentares, estratégias nacionais de adaptação ao clima e financiamento público para o desenvolvimento do SIA.
- **Empresas do sector privado**: Empresas do sector privado Empresas de tecnologia, empresas de telecomunicações, empresas agrícolas e empresas de seguros são alguns exemplos de empresas do sector privado que têm um grande interesse em dados climáticos. Estas empresas necessitam destes dados para gerir os seus negócios de forma eficiente, manter a resiliência da cadeia de abastecimento e reduzir os riscos. Estas empresas podem trazer inovação, recursos financeiros e tecnologia para a parceria.
- **Organizações internacionais e agências de desenvolvimento**: As organizações internacionais como a Organização Meteorológica Mundial, o Programa de

Desenvolvimento das Nações Unidas e os bancos de desenvolvimento podem desempenhar um papel significativo na facilitação das PPP através da cooperação técnica, do financiamento e do reforço das capacidades.

- **Organizações da sociedade civil (OSC) e ONG**: As OSC/ONG representam muitas vezes as comunidades mais vulneráveis e actuam frequentemente como intermediários nas PPP, garantindo que os benefícios do SIA chegam às populações visadas. Também participam em campanhas de sensibilização, no reforço das capacidades e nos mecanismos de feedback do SIA.
- **Instituições académicas e de investigação**: As universidades e as instituições de investigação climática fornecem a espinha dorsal científica para o desenvolvimento do CIS. Contribuem para a I&D, análise de dados e formulação de modelos climáticos que servem de base ao SIA.

8.3 Caso das parcerias público-privadas na CEI

8.3.1 Superar as restrições financeiras

Uma das principais razões para a criação de parcerias público-privadas é o facto de ser mais fácil reunir recursos e ultrapassar as barreiras financeiras que impedem a implementação do SIA. Vários governos, especialmente nos países de baixo e médio rendimento, não conseguem gerir os elevados custos de desenvolvimento e manutenção das infra-estruturas meteorológicas, das tecnologias de satélite e do processamento de dados. Tem:

- **Investimento do sector privado**: Há um investimento de entidades privadas nos segmentos dos seguros, da agricultura e da energia. Como são partes interessadas diretas nessas linhas de negócio, as empresas privadas têm interesse em dados climáticos de alta qualidade para combater os riscos nas suas operações e investir em infra-estruturas e serviços do SIA para aumentar a rentabilidade.
- **Modelos de partilha de riscos e recompensas**: As PPP partilham os benefícios e os riscos dos investimentos do SIA entre os sectores público e privado. Neste caso, os governos tornam-se mais capacitados, evitando a totalidade dos encargos financeiros, e as empresas privadas podem aceder a dados e serviços importantes que lhes permitem determinar as suas estratégias comerciais.

8.3.2 Tirar partido das mudanças tecnológicas

Muitas vezes, o sector privado está na vanguarda das inovações tecnológicas. Isto inclui todos os tipos de tecnologias, como a análise de grandes volumes de dados, a inteligência artificial, a Internet das coisas e as aplicações móveis. Estas podem eventualmente alterar a forma como os dados climáticos são recolhidos, processados ou divulgados. Numa parceria público-privada, as inovações do sector privado podem ser aproveitadas para fins de integração dos governos com as plataformas do CIS.

- **Previsão climática com IA e aprendizagem automática**. Várias empresas de tecnologia estão a desenvolver modelos de previsão climática alimentados por IA, que fazem previsões numa base substancialmente granular com uma grande quantidade de processamento de dados. Através da PPP, os governos poderiam ter acesso a essas tecnologias para melhorar o seu CIS em termos de precisão e fiabilidade.
- **IoT para monitorização climática em tempo real**: Utilizando sensores IoT, podem ser adquiridos dados climáticos em tempo real - incluindo temperatura, humidade e precipitação - para áreas remotas e vulneráveis. Esses sensores podem ser implantados por empresas privadas que colaboram com os governos para integrar os dados recolhidos nas plataformas nacionais do CIS.
- **Tecnologia móvel para a distribuição de CIS**: As empresas de tecnologia móvel podem estabelecer parcerias com os governos para tornar a informação climática acessível às pessoas mais vulneráveis. Através de redes de telemóveis e ferramentas SMS, o CIS pode ser transmitido diretamente a famílias de agricultores, pescadores ou outras populações rurais.

8.3.3 Divulgação e expansão do acesso

As PPP podem desempenhar um papel no aumento do alcance do CIS a populações carenciadas: Em áreas com infra-estruturas, redes de comunicação e capacidade deficientes, o governo tem o desafio de levar a informação climática a zonas remotas e rurais. O sector privado, em especial as empresas de telecomunicações, pode utilizar as suas redes e tecnologias para garantir uma maior divulgação do SIA.

- **Plataformas CIS baseadas em telemóveis**: Na maioria dos países em desenvolvimento, os telemóveis são a tecnologia mais acessível entre a população rural. As parcerias público-privadas com operadores de redes móveis podem ajudar a garantir que as previsões climáticas, os alertas precoces e os conselhos agrícolas sejam entregues através de SMS ou de aplicações móveis, mesmo em zonas com acesso limitado à Internet.

- **Serviços de Informação Climática Localizada**: As entidades do sector privado podem colaborar com os governos no desenvolvimento de produtos de informação climática localizada orientados para as necessidades específicas dos agricultores, pescadores e outros grupos vulneráveis. Estes serviços podem ser disponibilizados na língua local e personalizados para refletir as condições climáticas regionais.

8.4 Tipos de parcerias público-privadas na CEI

8.4.1 Co-investimento em infra-estruturas meteorológicas

Entre as PPP mais difundidas na CEI, encontra-se o co-investimento no desenvolvimento e manutenção de infra-estruturas meteorológicas. Trata-se do desenvolvimento de estações meteorológicas, da implementação de tecnologias de teledeteção e do investimento em sistemas de satélite que fornecem os dados necessários para uma previsão climática precisa.

Estudo de caso: Fundo de Desenvolvimento Climático do Banco Africano de Desenvolvimento

Em colaboração com os governos nacionais e entidades do sector privado, o Banco Africano de Desenvolvimento (BAD) apoia a construção de infra-estruturas meteorológicas em vários países africanos. O Fundo de Desenvolvimento Climático agrega recursos de empresas privadas e agências governamentais para financiar a construção e a renovação de estações meteorológicas, bem como de receptores de satélite e sistemas de processamento de dados. O programa melhorou a recolha de dados climáticos em regiões mal servidas pelas infra-estruturas do CIS.

8.4.2 Acordos de partilha de dados e de licenciamento

A última forma de PPP do CIS é a partilha de dados e os acordos de licenciamento entre agências meteorológicas públicas e empresas privadas. Nestas formas de parceria, os governos disponibilizam dados meteorológicos e climáticos financiados pelo sector público a empresas privadas para serem utilizados na produção de produtos comerciais, tais como previsões meteorológicas adaptadas, avaliações de risco ou avisos para a agricultura.

Estudo de caso: A parceria do Met Office do Reino Unido com a IBM

O Met Office do Reino Unido concordou em permitir que a empresa aceda aos seus grandes armazéns de dados meteorológicos através da empresa IBM. A IBM utiliza os dados para alimentar a Weather Company, que fornece previsões meteorológicas, alertas precoces e soluções de gestão de riscos a empresas nos sectores da agricultura, transportes e energia, entre outros. Em contrapartida, a IBM obtém os conhecimentos tecnológicos do Met Office para melhorar o processamento de dados e a sofisticação das previsões efectuadas pelo Met Office.

8.4.3 Parcerias público-privadas para I&D

A inovação do SIA exige I&D sustentada para melhorar a precisão dos modelos climáticos, aumentar as ferramentas utilizadas na recolha de dados e desenvolver novos dispositivos para a monitorização do clima. As PPP podem desempenhar um papel importante na promoção de esforços de colaboração em I&D, em especial entre instituições de ensino superior, instituições de investigação dos governos e outras indústrias tecnológicas privadas.

Estudo de caso: O Quadro Global para Serviços Climáticos (GFCS)

O Quadro Global de Serviços Climáticos liderado pela OMM permitiu muitas PPP em I&D sobre ciência climática. Por exemplo, a OMM está a estabelecer parcerias com empresas privadas com capacidades tecnológicas avançadas, bem como com instituições de investigação, para desenvolver novos modelos de previsão que integrem cada vez mais a IA e a aprendizagem automática. Os resultados dos novos modelos serão uma maior precisão das previsões sazonais, bem como mais pormenores sobre as caraterísticas das tendências climáticas regionais.

8.4.4 Comercialização de produtos CIS

As parcerias público-privadas são muitas vezes feitas para a comercialização de produtos do SIA, particularmente para os que são dirigidos a actividades com maiores riscos climáticos: seguros, agricultura e energia, entre outros. As empresas privadas podem desenvolver e comercializar produtos de informação climática, como soluções de seguros, ferramentas agrícolas inteligentes em termos climáticos ou previsões de energias renováveis. Entretanto, estas empresas aproveitam os dados e a investigação financiados por fundos públicos.

Estudo de caso: Seguro contra riscos climáticos na Índia

As parcerias público-privadas desempenharam um papel crucial no desenvolvimento de produtos de seguro baseados nas condições climatéricas para os agricultores na Índia. O regime de seguro contra riscos meteorológicos, desenvolvido através da colaboração entre o governo, as companhias de seguros privadas e as empresas de tecnologia, garante a cobertura do seguro de colheitas com base nas condições meteorológicas, incluindo a precipitação ou a temperatura. O regime associa os pagamentos de seguros a dados meteorológicos em tempo real, de modo a que os agricultores possam gerir os riscos decorrentes da quebra de colheitas devido à variabilidade climática.

8.5 Benefícios das parcerias público-privadas na CEI

8.5.1 Aumento do investimento nas infra-estruturas da CEI

Uma das vantagens mais importantes das parcerias público-privadas na CEI é o aumento do investimento em infra-estruturas e tecnologias meteorológicas. Só através de um esforço combinado dos governos e das empresas privadas é possível realizar investimentos como a construção e a manutenção de estações meteorológicas, sistemas de satélite e plataformas de processamento de dados, melhorando assim a recolha de dados com uma maior precisão das previsões climáticas e, por conseguinte, uma maior resistência ao clima.

8.5.2 Acesso à tecnologia de ponta e à inovação

O sector privado tem estado sempre na vanguarda no que diz respeito à implantação de inovações tecnológicas actualizadas e, para um governo, as PPP asseguram que este adquira e absorva as inovações mais avançadas em matéria de monitorização, análise de dados e previsão do clima. A IA, a IoT e a análise de grandes volumes de dados, por exemplo, podem tornar o CIS muito mais preciso e oportuno, melhorando assim as decisões de todos os sectores.

8.5.3 Melhoria da prestação de serviços e da cobertura

As PPP, através de parcerias com empresas de telecomunicações e outros prestadores de serviços, poderão chegar a um número muito maior de pessoas localizadas em locais distantes ou de difícil acesso, especialmente aquelas que são pobres e mais negligenciadas pelo sistema e que podem eventualmente beneficiar do CIS de uma forma muito mais direta. As informações sobre o clima podem ser transmitidas diretamente aos agricultores, pescadores e outros grupos vulneráveis utilizando telemóveis, rádio ou qualquer outra plataforma acessível das redes de comunicação do sector privado.

8.5.4 Mitigação de riscos para as empresas

Para as empresas do sector privado, em particular as indústrias da agricultura, dos seguros e da energia, é essencial dispor de dados climáticos de alta qualidade para a gestão dos riscos. Com uma estreita cooperação com o governo no desenvolvimento dos CEI, as empresas privadas podem atenuar melhor os riscos decorrentes da variabilidade do clima e melhorar a continuidade e a rentabilidade da atividade. Nos domínios dos seguros, as PPP também abrem oportunidades para a criação de novos produtos climáticos, como os seguros indexados às condições meteorológicas, que permitem às empresas e aos particulares gerir melhor os riscos relacionados com o clima.

8.6 Obstáculos à implementação de PPP na CEI

Apesar de todos os benefícios que as parcerias público-privadas podem trazer para o desenvolvimento do SIA, há várias questões em relação às quais são atualmente criticadas. Estes problemas podem estar relacionados com diferentes tipos de incompatibilidades: limitações de recursos, questões de governação entre os sectores público e privado ou mesmo diferenças de prioridades ou objectivos.

8.6.1 Objectivos e prioridades incongruentes

Na maioria das PPP, um dos maiores problemas potenciais surge em relação aos diferentes objectivos e prioridades de cada um dos parceiros. Enquanto os governos tendem a concentrar-se nos bens públicos, como a igualdade de acesso de todos os cidadãos à informação sobre o clima, as empresas privadas tendem a concentrar-se no lucro e no retorno do investimento. Numa situação em que os governos têm de equilibrar estas prioridades, especialmente quando as empresas privadas estão interessadas em comercializar produtos CIS que não chegarão facilmente às populações de baixos rendimentos ou vulneráveis, este aspeto torna-se complicado.

8.6.2 Preocupações com a privacidade e a segurança dos dados

A partilha de dados é um elemento que a maioria das parcerias público-privadas no CIS exigirá; no entanto, evoca preocupações com a privacidade e a segurança dos dados. É provável que os governos se mostrem relutantes em partilhar dados climáticos sensíveis com empresas privadas quando existem questões sobre a forma como os dados serão utilizados e por quem serão controlados. Por outro lado, as empresas privadas podem ter relutância em partilhar informações exclusivas com as agências governamentais, uma vez que podem pensar que essas informações seriam utilizadas em benefício de um concorrente ou representariam uma dor de cabeça regulamentar.

8.6.3 Barreiras regulamentares e legais

Para as PPP na CEI, o quadro regulamentar também pode ser complexo, uma vez que pode ter estruturas de governação fracas ou um quadro jurídico pouco claro para a partilha de dados, contratos públicos ou direitos de propriedade intelectual em cada país. As barreiras jurídicas, por exemplo, as restrições ao investimento estrangeiro ou os processos burocráticos fastidiosos, dificultam frequentemente o lançamento e a implementação das PPP, reduzindo assim a sua eficácia.

8.7 Estudos de casos: Parcerias público-privadas de sucesso na CEI

Esta secção apresentará em pormenor vários exemplos de parcerias público-privadas bem sucedidas em CEI de todo o mundo, ilustrativas de vários modelos e abordagens para aumentar os serviços de informação climática.

8.7.1 A Capacidade Africana de Risco (ARC)

Visão geral: A ARC é uma nova PPP que reúne as competências dos governos e das companhias de seguros, juntamente com organizações internacionais, para oferecer seguros contra riscos climáticos aos países africanos. A ARC é a agência especializada da União Africana, que, de forma bastante inovadora, ofereceu um produto de seguro, pagando por quaisquer eventos relacionados com o clima, incluindo secas, inundações ou furacões.

Caraterísticas principais:

- A ARC baseia-se em dados de satélite e modelos climáticos para fazer previsões sobre a probabilidade de condições meteorológicas extremas que podem ser traduzidas em pagamentos devidos aos países afectados.
- O produto de seguro foi concebido para proporcionar um acesso rápido às finanças quando as catástrofes climáticas atingem os países, que podem assim responder rapidamente às necessidades da sua população.
- Efeito: A ARC revolucionou a forma como os países africanos têm gerido os riscos climáticos, devido à sua obtenção atempada de financiamento em alturas de catástrofes climáticas. Aproveitando os dados de satélite e os conhecimentos do sector privado em matéria de seguros, a ARC embarcou num modelo escalável de gestão dos riscos climáticos para uma maior utilização noutras regiões.

8.7.2 Iniciativa da Agência Espacial Europeia no domínio das alterações climáticas

Visão geral: A Agência Espacial Europeia, em parceria com empresas privadas de satélites, instituições de investigação e governos, desenvolveu a Iniciativa para as Alterações Climáticas (ICC). A CCI é um programa abrangente baseado nos dados obtidos a partir de registos de satélite, monitorizando assim variáveis climáticas cruciais como a subida do nível do mar, o aumento das concentrações de gases com efeito de estufa e as temperaturas da superfície terrestre.

Caraterísticas importantes:

- Para o efeito, colaborará com a ESA e com empresas privadas de satélites. No âmbito dessas colaborações, a CCI recolherá dados climáticos avançados de alta resolução e distribuirá esses dados aos governos e aos investigadores para que possam ser utilizados para melhorar a modelização e as previsões climáticas.
- Divulgação ao público: A iniciativa deve também proporcionar ao público a oportunidade de visualizar facilmente os dados climáticos através de plataformas de acesso livre. Os dados permitirão assim que as empresas, os governos e a sociedade civil os utilizem.

Impacto: O CCI melhorou de forma notável a observação dos climas globais e forneceu excelentes valores para os esforços de adaptação e atenuação. Esta parceria da ESA com operadores privados de satélites ajudou o programa a expandir-se muito rapidamente, fornecendo dados climáticos de boa qualidade para uma vasta gama de aplicações.

8.8 Futuro das parcerias público-privadas na CEI

Olhando para o futuro, as parcerias público-privadas serão cada vez mais importantes para os serviços de informação climática. Quanto mais as alterações climáticas se intensificarem, maior será a procura crescente de informações climáticas exactas, oportunas e localizadas. Os governos relevantes e o sector privado têm de se encontrar e investir no desenvolvimento de soluções inovadoras que utilizem tecnologia de ponta, finanças e conhecimentos especializados.

8.8.1 Oportunidades para aumentar as PPP na CEI

- **Papel crescente das empresas tecnológicas**: Dado que a tecnologia está a mudar de dia para dia, as empresas privadas de alta tecnologia têm uma enorme oportunidade de desempenhar um papel mais importante no SIA. As melhorias na IA, na IoT e na análise de grandes volumes de dados darão ao CIS uma previsão climática cada vez mais precisa e uma recolha de dados em tempo real, e a tecnologia móvel tem a possibilidade de alargar o CIS a uma população muito mais vasta (Cazzonelli et al., 2020) .
- **Integração do SIA nos Planos Nacionais de Adaptação Climática**: As PPP do SIA podem ser integradas nos planos nacionais de adaptação climática do governo. Isto deve garantir que seja dada prioridade aos serviços de informação climática durante o desenvolvimento de políticas e a afetação de recursos. Isto assegura a institucionalização

das PPP e proporciona um quadro sustentável para uma colaboração a longo prazo.

- **A utilização do financiamento internacional do clima**: Os organismos internacionais de financiamento do clima incluem também o Fundo Verde para o Clima e o Fundo Mundial para o Ambiente. Os mecanismos internacionais para o clima podem ser utilizados para apoiar as PPP na CEI, especialmente nos países de baixo rendimento que necessitam de investimento para criar capacidades de serviços climáticos.

8.8.2 Desafios para o futuro das PPP na CEI

Embora o futuro das PPP na CEI seja auspicioso, existem vários desafios. Em primeiro lugar, a parceria deve ser inclusiva e equitativa; em segundo lugar, garantir a segurança e a privacidade dos dados; e, em terceiro lugar, negociar sobre ambientes regulamentares complexos. A parceria terá de trabalhar em conjunto de forma mais estreita do que as mencionadas anteriormente para garantir que o CIS chega às comunidades mais vulneráveis, duramente afectadas pelas alterações climáticas.

CAPÍTULO NOVE

O futuro dos serviços de informação climática

9.1 Introdução

Só com uma apresentação mais visível dos impactos das alterações climáticas se poderá afirmar uma maior procura de Serviços de Informação Climática (SIC) fiáveis, oportunos e acionáveis. Os SIC do futuro serão, portanto, um produto intrinsecamente integrado de inovações tecnológicas, uma mudança nas expectativas dos utilizadores e exigências sectoriais de um futuro mais resiliente. O capítulo irá apresentar tendências, inovações e desafios que, para já, ajudarão a delinear o futuro dos CIS, dando a conhecer aos leitores como esses serviços podem mudar para satisfazer as necessidades das comunidades, governos e empresas.

O SIA é vital para fornecer informações que serão aplicáveis durante a adaptação e a atenuação das alterações climáticas. No entanto, têm de evoluir constantemente com a alteração das condições climáticas, os avanços tecnológicos e as necessidades das partes interessadas. Os factores emergentes do futuro do SIA são explorados nas secções seguintes, especificamente a inovação tecnológica, o envolvimento dos utilizadores e o quadro político.

9.2 Inovações tecnológicas que impulsionam o futuro da CEI

9.2.1 Inteligência artificial e aprendizagem automática

A IA e o ML estão na vanguarda das inovações tecnológicas para melhorar a exatidão e a usabilidade da informação climática. As análises de Inteligência Artificial e de Aprendizagem Automática podem desenvolver análises de grandes volumes de dados para melhorar os modelos de previsão, de modo a que as previsões possam ser mais exactas.

- **Análise preditiva**: A análise de dados climáticos históricos prevê tendências no clima. Os cenários climáticos futuros são produzidos com a ajuda de algoritmos de IA e ML baseados na análise de dados. Estes modelos melhoram as previsões sazonais, tornando mais exactas as previsões relativas à temperatura, precipitação e condições meteorológicas extremas.
- **Processamento automatizado de dados**: A IA pode processar grandes conjuntos de dados para a análise imediata de informações climáticas. Os sistemas automatizados podem recolher, analisar e, eventualmente, divulgar dados para informar os utilizadores sobre informações actuais e relevantes.
- **Sistemas de apoio à decisão melhorados**: Os sistemas de apoio à decisão da IA são integrados, especialmente para fundir os dados climáticos com outros factores socioeconómicos, de modo a que os decisores políticos, os agricultores ou as empresas

estejam mais bem informados através de análises exaustivas dos potenciais impactos das suas decisões no clima.

9.2.2 Deteção remota e tecnologia de satélite

Prevê-se que os avanços na teledeteção e na tecnologia de satélites tenham um papel importante no futuro do SIA. Satélites mais avançados, com mecanismos melhorados de recolha de dados, garantirão a recolha de mais dados climáticos e de melhor qualidade.

- **Imagens de alta resolução por satélite**: A nova geração de satélites disporá de sensores avançados que permitirão a monitorização de imagens de alta resolução de alterações na cobertura dos solos, no estado da vegetação e nas condições atmosféricas. Isto beneficiará grandemente a agricultura, o planeamento urbano e a gestão do risco de catástrofes.
- **Monitorização em tempo real**: Os satélites equipados com tecnologias IoT fornecerão a ferramenta para acompanhar as condições ambientais em tempo real e responder a eventos relacionados com o clima. Por exemplo, ao acompanhar as alterações da humidade do solo por satélite, será possível uma gestão mais precisa da irrigação.
- **Sistemas globais de observação do clima**: Os esforços de cooperação internacional para reforçar as actividades de monitorização do clima por satélite melhorarão o fornecimento de dados climáticos coerentes e fiáveis em todas as regiões. Os sistemas são, por conseguinte, importantes para compreender e enfrentar os desafios do clima em todo o mundo.

9.2.3 Análise de grandes volumes de dados e computação em nuvem

O aumento absoluto do volume de dados climáticos provenientes de diferentes fontes coloca, por conseguinte, tantos desafios como oportunidades. A análise de grandes volumes de dados e a computação em nuvem fornecerão um roteiro importante para a gestão e análise de todos estes dados.

- **Integração e interoperabilidade de dados:** A computação em nuvem permitirá a recolha de conjuntos de dados díspares de natureza diversa provenientes de diversas fontes - para citar algumas - deteção remota, estações meteorológicas e dados socioeconómicos. Através desta malha de dados, será desenvolvida uma melhor análise de integração e serviços de informação climática mais holísticos (Panibratov, 2015) .
- **Os dados em plataformas baseadas na nuvem:** No momento em que os utilizadores acedem, os dados em plataformas baseadas na nuvem fornecem aos utilizadores acesso

imediato e em tempo real a informações sobre o clima. Isto permite que o CIS seja mais reativo. Por conseguinte, permitirá que os agricultores, os decisores políticos e as empresas disponham de dados e previsões actualizados, permitindo assim que o respetivo utilizador tome decisões informadas no momento certo.

- **Óptima visualização dos dados:** As ferramentas analíticas de grandes volumes de dados trarão à tona opções intuitivas para a visualização de dados, tornando assim a informação climática complexa mais legível para um público mais vasto. Isto aumentará a facilidade de utilização do SIA e ajudará os utilizadores a interpretar melhor os dados.

9.3 Evolução das necessidades e expectativas dos utilizadores

9.3.1 CIS: Surgimento de necessidades crescentes de localização e personalização

À medida que os efeitos das alterações climáticas se tornam mais potentes, os clientes precisarão de serviços de informação climática mais localizados e adaptados às suas necessidades específicas. A abordagem "tamanho único" à informação climática deixará de ser suficiente (Damba et al., 2021) .

- **Informação climática localizada:** Por exemplo, um agricultor, uma empresa ou uma comunidade necessitarão de informações climáticas relacionadas com as condições e desvios locais. As previsões hiperlocais e os dados climáticos adaptados a áreas geográficas específicas tornar-se-ão essenciais para a tomada de decisões sensatas.
- **Personalização:** Os utilizadores esperam ter a capacidade de personalizar a informação climática de acordo com as suas necessidades. Uma pessoa pode escolher alguns parâmetros, como um limite de precipitação, um intervalo de temperatura ou o tempo necessário para fazer uma previsão.

9.3.2 Conceção inclusiva para a acessibilidade

O futuro CIS centrar-se-á na conceção centrada no utilizador e na acessibilidade para garantir que as várias partes interessadas recebam estes dados climáticos, especialmente os grupos que são frequentemente marginalizados e vulneráveis (Gabbasova et al., 2016) .

- **Envolvimento com os utilizadores finais para melhorar o SIA**: O envolvimento com os utilizadores finais garante que a informação necessária é climática e adequada para utilização pelos utilizadores finais do clima. A este respeito, a representação adequada na conceção e prestação de serviços aos agricultores e às várias comunidades e empresas locais no desenvolvimento de serviços significa que a maioria das suas necessidades é satisfeita (Amwata et al., 2018) .

- **Acessibilidade para todos:** O SIA deve ser tornado acessível a populações diversificadas que têm muito pouco acesso à tecnologia e baixos níveis de literacia. Isto será possível através do acesso a plataformas móveis, emissões de rádio comunitárias e línguas locais (Savari et al., 2024) .

9.3.3 Integração dos conhecimentos locais

O futuro CIS integrará os sistemas de conhecimento tradicional com os dados científicos, uma vez que existe uma apreciação do valor do conhecimento indígena na resiliência climática.

- **Valorização dos conhecimentos locais:** Os conhecimentos existentes sobre os padrões climáticos e a utilização das terras e a gestão dos recursos das comunidades indígenas e locais podem ser úteis para a formulação do SIA formal.
- **Participação:** O envolvimento das comunidades locais na formulação e divulgação do SIA garante que os seus conhecimentos já documentados serão tidos em conta. As abordagens participativas dão poder à comunidade e tornam o SIA mais eficaz.

9.4 Quadros políticos para o futuro desenvolvimento do SIA

9.4.1 Políticas climáticas nacionais e internacionais

As políticas climáticas nacionais e internacionais vão delinear o futuro da CEI em termos de resiliência, adaptação e desenvolvimento sustentável.

- **Integração nos planos nacionais de desenvolvimento:** Os governos precisam de integrar o CIS na estratégia de desenvolvimento nacional e nos planos de ação climática. Desta forma, o investimento em serviços de informação climática torna-se uma prioridade para os governos aumentarem a sua adaptabilidade à variabilidade climática e, consequentemente, servir os grupos mais vulneráveis da sociedade (Csaki & Jambor, 2019) .
- **Cooperação internacional na partilha de dados climáticos:** Um sistema integrado de informação climática global pode ser alcançado através da cooperação internacional na partilha de dados climáticos. A recolha, a acessibilidade e a disponibilidade de informações sobre o clima através da colaboração entre instituições de investigação e

organizações internacionais podem ser melhoradas.

9.4.2 Quadros regulamentares e institucionais

É necessário que o SIA disponha de quadros regulamentares e institucionais adequados para que possa funcionar eficazmente e ser alargado com êxito.

- **Desenvolvimento de ambientes propícios:** O governo deve conceber políticas para criar um ambiente propício de parcerias público-privadas para o desenvolvimento do CIS. Os regulamentos que apoiam isto podem incluir alguma forma de reforma regulamentar que permita algum tipo de partilha de dados, investimento e colaboração entre os sectores público e privado serão úteis.
- **Reforço das capacidades institucionais:** O reforço das capacidades institucionais assegurará que as agências do CIS estejam devidamente capacitadas para fornecer um CIS eficaz. Incluirá a formação de pessoal, a atualização dos sistemas de gestão de dados e a coordenação com outros organismos governamentais.

9.4.3 Mecanismos de financiamento do clima

O acesso ao financiamento da luta contra as alterações climáticas será fundamental para o desenvolvimento e a expansão dos SCI. A necessidade de formas inovadoras de financiamento apoiará as parcerias público-privadas e garantirá a sustentabilidade dos serviços de informação climática.

- **Obrigações climáticas e financiamento verde:** É possível que tanto os governos como as empresas privadas emitam obrigações climáticas para financiar investimentos em infra-estruturas e tecnologias CIS. Os mecanismos de financiamento ecológico atrairão o investimento privado para os serviços climáticos e mobilizarão recursos.
- **Fundos internacionais para o clima:** O envolvimento com fundos internacionais para o clima, como o Fundo Verde para o Clima, será uma importante fonte de financiamento para construir e operacionalizar o CIS em países de baixo rendimento e vulneráveis ao clima. Os países precisam de explorar a forma de aproveitar estes fundos para melhorar as suas capacidades de informação climática (Zahay & Griffin, 2004).

9.5 Desafios e obstáculos ao futuro do SIA

Embora promissor, o futuro do CIS enfrenta ainda vários desafios e barreiras que podem impedir o progresso. Estes desafios e barreiras têm de ser resolvidos para que os serviços de informação climática possam ser efetivamente desenvolvidos e implementados.

9.5.1 Questões de privacidade e segurança dos dados

Mais uma vez, com a adoção generalizada da tecnologia no SIA, as questões da privacidade e da segurança dos dados estarão no topo da lista. A importância de proteger os dados sensíveis ao clima e de manter a privacidade individual voltará a ser primordial.

- **Quadros regulamentares de proteção de dados:** As administrações devem formular quadros regulamentares que salvaguardem a privacidade dos dados, mas que permitam a partilha e a colaboração entre as partes interessadas. Para tal, é necessário regulamentar a recolha, o armazenamento e a utilização dos dados.
- **Medidas de cibersegurança:** À medida que a dependência do domínio digital aumenta, medidas adequadas de cibersegurança constituiriam um apelo ao dever de proteger os dados climáticos contra ataques maliciosos ou acesso não autorizado. Mais importante ainda, os investimentos na infraestrutura de cibersegurança serão importantes à medida que a dependência das plataformas digitais aumenta (Ngigi & Muange, 2022b) .

9.5.2 Equidade e inclusão no SIA

O acesso equitativo e justo à informação sobre o clima para todas as comunidades, especialmente as mais vulneráveis e marginalizadas, será o maior desafio do futuro.

O fosso digital: Um papel muito importante para o fosso digital deve ser erradicado para deixar o CIS à porta de todos. As ligações à Internet e o acesso às redes móveis devem ser melhorados. As tecnologias digitais devem ser desenvolvidas nos locais mais carenciados.

Igualdade de género: Será muito importante assegurar que as mulheres e outros grupos marginalizados tenham igual acesso à informação sobre o clima e aos processos de tomada de decisões. A capacitação destes grupos através do reforço de capacidades específicas aumentará ainda mais a sua capacidade de utilizar o SIA de forma eficaz.

9.5.3 Sustentabilidade das iniciativas do SIA

A sustentabilidade das iniciativas do SIA dependerá em grande medida da continuação do financiamento, do apoio político e do envolvimento das partes interessadas. Garantir a sustentabilidade a longo prazo destes serviços será fundamental para desenvolver a resiliência climática.

- **Fontes de financiamento diversificadas:** O CIS deve possuir fontes de financiamento diversificadas que possam facilmente assegurar a sustentabilidade dos programas na gestão da instituição, reduzindo assim a dependência de fontes únicas de financiamento. As parcerias público-privadas podem alavancar recursos adicionais para oferecer apoio à sustentabilidade a longo prazo.
- **Envolvimento das partes interessadas a longo prazo:** A manutenção do CIS a longo prazo exigiria a consolidação do compromisso entre as partes interessadas, incluindo governos, empresas privadas e comunidades. Abordagens conjuntas que envolvam todas as partes interessadas garantirão que os serviços de informação climática sejam bem sustentados e expandidos a longo prazo (Savari et al., 2024) .

9.6 Oportunidades de inovação na CEI

O futuro do CIS proporcionará múltiplas oportunidades para inovar. Compreender as novas tecnologias, colaborar com as várias partes interessadas e permitir abordagens de colaboração para que o CIS se desenvolva de acordo com as necessidades societais em evolução.

9.6.1 Tirar partido das tecnologias emergentes

As tecnologias emergentes introduzirão novas oportunidades para melhorar o SIA e aumentar a resistência às alterações climáticas.

- **Cadeia de blocos para validação de dados:** A tecnologia Blockchain pode ajudar a tornar os dados climáticos mais transparentes e seguros. Pode garantir que a informação climática tenha registos de imutabilidade, tornando esses dados inalteráveis e, portanto, informativos no contexto do CIS (Ngigi & Muange, 2022b)
- **IoT para uma melhor monitorização do clima:** A utilização da IoT pode permitir a implantação de sensores de baixo custo que fornecerão informações climáticas em tempo real, aumentando a precisão das projecções climáticas. Os dados específicos do local também são úteis para melhorar a tomada de decisões na exploração agrícola ou na comunidade.

9.6.2 Aprendizagem colectiva

A melhoria do SIA e da resiliência ao clima será conseguida através da aprendizagem colectiva entre as partes interessadas.

- **Redes de conhecimento:** A criação de redes de conhecimentos entre governos, empresas privadas, investigadores e comunidades deve apoiar o aumento da capacidade do SIA. Essas redes oferecerão diversas plataformas para as melhores práticas, dados e experiências relacionadas com os serviços de informação climática.
- **Abordagens participativas:** O envolvimento das comunidades no desenvolvimento e fornecimento de CIS ajudará a garantir que os serviços satisfazem as suas necessidades e são culturalmente apropriados. As abordagens participativas podem capacitar as partes interessadas locais e promover um sentido de propriedade sobre a informação climática.

REFERÊNCIAS:

Abramowitz, G., Herger, N., Gutmann, E., Hammerling, D., Knutti, R., Leduc, M., Lorenz, R., Pincus, R., & Schmidt, G. A. (2019). Revisões ESD: Dependência de modelos em conjuntos climáticos multi-modelo: Ponderação, sub-seleção e testes fora da amostra. *Dinâmica do Sistema Terrestre, 10*(1), 91–105.

Aggarwal, P. K., Baethegan, W. E., Cooper, P., Gommes, R., Lee, B., Meinke, H., Rathore, L. S., & Sivakumar, M. V. K. (2010). Gerir os riscos climáticos para combater a degradação dos solos e aumentar a segurança alimentar: necessidades de informação fundamentais. *Procedia Environmental Sciences, 1*, 305–312.

Alfieri, L., Salamon, P., Pappenberger, F., Wetterhall, F., & Thielen, J. (2012). Sistemas operacionais de alerta precoce para riscos relacionados com a água na Europa. *Environmental Science and Policy,21* , 35-49. https://doi.org/10.1016/j.envsci.2012.01.008

Amwata, D., Omondi, P. O., & Kituyi, E. (2018). Aceitação e utilização de serviços de informação climática para melhorar a agricultura e a produção alimentar entre os pequenos agricultores na região da África Oriental e Austral. *Revista Internacional de Investigação Avançada, 6*(5), 859.

Asrat, P., & Simane, B. (2018). Perceção dos agricultores sobre as alterações climáticas e estratégias de adaptação no Dabus. *Processos Ecológicos, 7*(7), 1–13.

Balaghi, R., Badjeck, M.-C., Bakari, D., De Pauw, E., De Wit, A., Defourny, P., Donato, S., Gommes, R., Jlibene, M., & Ravelo, A. C. (2010). Gestão de riscos climáticos para uma maior segurança alimentar: capacidades de informação chave. *Procedia Environmental Sciences, 1*, 313–323.

Beck, H. E., Zimmermann, N. E., McVicar, T. R., Vergopolan, N., Berg, A., & Wood, E. F. (2018). Mapas atuais e futuros de classificação climática de Köppen-Geiger com resolução de 1 km. *Dados científicos, 5*(1), 1–12.

Botezan, C., Constantin, V., Meltzer, M., Radovici, A., Pop, A., Alexandrescu, F., & Stefanescu, L. (2020). Existe desenvolvimento sustentável após a mineração? Um estudo de caso de três áreas mineiras na região de Apuseni (Roménia). *Sustainability (Switzerland),12* (23), 1-20. https://doi.org/10.3390/su12239791

Cazzonelli, C. I., Hou, X., Alagoz, Y., Rivers, J., Dhami, N., Lee, J., Marri, S., & Pogson, B. J. (2020). Um apocarotenóide derivado do cis-caroteno regula o desenvolvimento do etioplasto e do cloroplasto. *Elife,9* , e45310.

Cebrián, G., & Junyent, M. (2015). Competências em educação para o desenvolvimento sustentável: Explorando os pontos de vista dos estudantes professores. *Sustainability, 7*(3), 2768–2786.

Cebrián, G., Junyent, M., & Mulà, I. (2020). Competências em educação para o desenvolvimento sustentável : Desenvolvimentos emergentes no ensino e na investigação. In *Sustainability* (Vol. 12, Issue 2, p. 579). MDPI.

Chen, S., Arrouays, D., Mulder, V. L., Poggio, L., Minasny, B., Roudier, P., Libohova, Z., Lagacherie, P., Shi, Z., & Hannam, J. (2022). Mapeamento digital das propriedades do solo GlobalSoilMap em larga escala: Uma revisão. *Geoderma, 409*, 115567.

Csaki, C., & Jambor, A. (2019). Convergência ou divergência - Transição na agricultura da Europa Central e Oriental e da Comunidade de Estados Independentes revisitada. *Economia agrícola/Zemědělská Ekonomika, 65*(4).

Damba, O., Kizito, F., Bonilla-Findji, O., S., Y., Oppong-Mensah, B., Clottey, V., Duah, S., Gaitu, C., Mantey, F., Dalaa, M., Obeng Adomaa, F., Tepa-Yotto, G., Agboton, C., Tamo, M., & Nii-Koi, G. (2021). Agricultura Climaticamente Inteligente (CSA) - Priorização dos Serviços de Informação Climática (CIS) no Gana: Avaliações e Resultados de Inteligência. *Relatórios do Cluster AICCRA do Gana*, 18pp.

Damba, O. T., Kizito, F., Bonilla-Findji, O., Yeboah, S., Oppong-Mensah, B., Clottey, V., Duah, S., Gaitu, C., Mantey, F., & Dalaa, M. A. (2021). *Priorização da Agricultura Inteligente para o Clima (CSA) - Serviços de Informação Inteligente para o Clima (CIS) no Gana: Avaliações e Resultados Inteligentes*.

De Perez, E. C., Harrison, L., Berse, K., Easton-Calabria, E., Marunye, J., Marake, M., Murshed, S. B., & Zauisomue, E.-H. (2022). Adaptação às alterações climáticas através de acções de antecipação: A potencial utilização de alertas precoces baseados no tempo. *Extremos meteorológicos e climáticos, 38*, 100508.

Dietze, M. C., Fox, A., Beck-Johnson, L. M., Betancourt, J. L., Hooten, M. B., Jarnevich, C. S., Keitt, T. H., Kenney, M. A., Laney, C. M., & Larsen, L. G. (2018). Previsão ecológica iterativa de curto prazo: Necessidades, oportunidades e desafios. *Actas da Academia Nacional de Ciências, 115*(7), 1424–1432.

Dillon, J., & Herman, B. (2023). Environmental education. In *Handbook of research on science education* (pp. 717-748). Routledge.

Dookie, D. S. (2020). *Ensaios sobre a utilização de informações climáticas na gestão de riscos climáticos e de catástrofes*.

Douben, K. (2006). Characteristics of river floods and flooding: a global overview, 1985-2003.

Irrigation and Drainage: The Journal of the International Commission on Irrigation and Drainage,*55* (S1), S9-S21.

Dueben, P. D., & Bauer, P. (2018). Desafios e escolhas de design para modelos globais de tempo e clima baseados em aprendizado de máquina. *Desenvolvimento de modelos geocientíficos*, *11*(10), 3999–4009.

Gabbasova, I. M., Suleimanov, R. R., Khabirov, I. K., Komissarov, M. A., Fruehauf, M., Liebelt, P., Garipov, T. T., Sidorova, L. V, & Khaziev, F. K. (2016). Mudanças temporais de solos erodidos dependendo de seu uso agrícola na região sul do Cis-Ural. *Ciência do solo da Eurásia*, *49*, 1204–1210.

Gruber, A., Scanlon, T., van der Schalie, R., Wagner, W., & Dorigo, W. (2019). Evolução dos registos de dados climáticos ESA CCI Soil Moisture e da sua metodologia de fusão subjacente. *Dados da Ciência do Sistema Terrestre*, *11*(2), 717–739.

Hansen, J., Fara, K., Milliken, K., Boyce, C., Chang'a, L., & Allis, E. (2018). Reforço dos serviços climáticos para o sector da segurança alimentar. *Boletim da Organização Meteorológica Mundial*, *67*(2), 20–26.

Hoylman, Z. H., Bocinsky, R. K., & Jencso, K. G. (2022). A avaliação da seca foi ultrapassada pelas alterações climáticas: argumentos empíricos para uma mudança de paradigma. *Nature Communications*, *13*(1), 2715.

Huang, Z., Zhao, T., Xu, W., Cai, H., Wang, J., Zhang, Y., Liu, Z., Tian, Y., Yan, D., & Chen, X. (2022). Um modelo Bernoulli-Gamma-Gaussiano de sete parâmetros para calibrar as previsões de precipitação subsazonal a sazonal. *Journal of Hydrology*, *610*, 127896.

Kadi Kadi, H. A., Njau, L. N., Mwikya, J., & Kamga, A. (2011). O estado dos serviços de informação climática para a agricultura e a segurança alimentar nos países da África Oriental. *Documento de trabalho do CCAFS*.

Kayusi, Fredrick, Srinivas Kasulla, S J Malik e Petros Chavula. 2024. "Serviços de Informação Climática (CIS): A Vital Tool for Africa's Climate Resilience". Asian Journal of Advanced Research and Reports 18 (10):108-17.

Malik, S.J., B.B. Gunjal, e S. Kasulla. 2018. Estudo de tecnologias de atualização para tratar o biogás da lavagem gasta para o biocng. Em Proceedings DSTA Annual Convention, Gandhinagar 64:1-10.

Kasulla, Srinivas & Malik, S J. (2012). Desbloquear o verdadeiro potencial energético das estações de tratamento de águas residuais.

Ahmad, F, et al. Assessing integrated nitrogen and planting density on growth, yield component, and financial analysis of maize crops (Zea Mays). J Hyg Eng Des. 2021;37(549):125-347 (2021).

Kayusi, F., Kasulla, S., Malik, S. J., & Chavula, P. (2024). Serviços de Informação Climática (CIS): Uma ferramenta vital para a resiliência climática de África. *Asian Journal of Advanced Research and Reports,18* (10), Artigo 10. https://doi.org/10.9734/ajarr/2024/v18i10759

Koks, E. E., Rozenberg, J., Zorn, C., Tariverdi, M., Vousdoukas, M., Fraser, S. A., Hall, J. W., & Hallegatte, S. (2019). Uma análise global de risco multi-perigo de ativos de infraestrutura rodoviária e ferroviária. *Nature Communications, 10*(1), 2677.

Lehtonen, A., Salonen, A. O., & Cantell, H. (2019). Educação para as alterações climáticas: Uma nova abordagem para um mundo de problemas perversos. *Sustentabilidade, bem-estar humano e o futuro da educação*, 339–374.

Li, Y., Sun, X., Zhu, X., & Cao, H. (2010). Um método de alerta precoce da segurança ecológica da paisagem em áreas costeiras de urbanização rápida e sua aplicação em Xiamen, China. *Ecological Modelling, 221*(19), 2251–2260.

Li, Y., & Zhang, R. (2023). Uma revisão do desenvolvimento do Nexus Água-Energia-Alimentos numa transição energética justa. *Energies,16* (17). https://doi.org/10.3390/en16176253

Liang, Y., Quan, D., Wang, F., Jia, X., Li, M., & Li, T. (2020). Análise de big data financeiro e plataforma de alerta precoce: um estudo de caso. *Acesso IEEE, 8*, 36515–36526.

McOmber, C., Panikowski, A., McKune, S., Bartels, W., & Russo, S. (2013). Investigando os serviços de informação climática através de uma lente de género. *Documento de trabalho do CCAFS.*

Merz, B., Kuhlicke, C., Kunz, M., Pittore, M., Babeyko, A., Bresch, D. N., Domeisen, D. I. V, Feser, F., Koszalka, I., & Kreibich, H. (2020). Previsão de impacto para apoiar a gestão de emergência de perigos naturais. *Revisões de Geofísica,58* (4), e2020RG000704.

Morrison, H., van Lier-Walqui, M., Fridlind, A. M., Grabowski, W. W., Harrington, J. Y., Hoose, C., Korolev, A., Kumjian, M. R., Milbrandt, J. A., & Pawlowska, H. (2020). Enfrentando o desafio de modelar a microfísica de nuvens e precipitação. *Jornal de Avanços na Modelagem de Sistemas Terrestres,12* (8), e2019MS001689.

Muema, E., Mburu, J., Coulibaly, J., & Mutune, J. (2018). Determinantes do acesso e utilização de serviços de informação climática sazonal entre os pequenos agricultores no condado de Makueni, Quénia. *Heliyon, 4*(11).

Mwila, M., Mhlanga, B., & Thierfelder, C. (2021). Intensificando os sistemas de cultivo por meio de leguminosas duplicadas no leste da Zâmbia. *Relatórios Científicos,11* (1), 1-13. https://doi.org/10.1038/s41598-021-87594-0

Naidu, S., Sajinkumar, K. S., Oommen, T., Anuja, V. J., Samuel, R. A., & Muraleedharan, C. (2018). Sistema de alerta precoce para deslizamentos de terra rasos usando limiar de precipitação e análise de estabilidade de declive. *Geoscience Frontiers,9* (6), 1871-1882. https://doi.org/10.1016/j.gsf.2017.10.008

Ndayiragije, J. M., & Li, F. (2022). Eficácia dos índices de seca na avaliação de diferentes tipos de secas, gerindo e mitigando os seus efeitos. *Climate, 10*(9), 125.

Newnham, E., Mitchell, C., Balsari, S., & Leaning, J. (2017). *The Changing Landscape of Early Warning Systems Policy Brief Promoting Effective Decision Making and Action in Disasters. abril.*

Ngigi, M. W., & Muange, E. N. (2022a). Access to climate information services and climate-smart agriculture in Kenya: a gender-based analysis. *Climatic Change,174* (3-4). https://doi.org/10.1007/s10584-022-03445-5

Ngigi, M. W., & Muange, E. N. (2022b). Access to climate information services and climate-smart agriculture in Kenya: a gender-based analysis. *Climatic Change, 174*(3), 21.

Nijp, J. J., Temme, A. J. A. M., van Voorn, G. A. K., Kooistra, L., Hengeveld, G. M., Soons, M. B., Teuling, A. J., & Wallinga, J. (2019). Sinais espaciais de alerta precoce para mudanças de regime iminentes: Uma estrutura prática para aplicação em paisagens do mundo real. *Biologia das Alterações Globais, 25*(6), 1905–1921.

Ofoegbu, C., & New, M. (2022). Avaliação da eficácia e eficiência da comunicação de informações climáticas no sector agrícola africano: uma análise sistemática dos serviços climáticos. *Agriculture, 12*(2), 160.

Ouyang, X., & Lee, S. Y. (2020). Estimativas melhoradas sobre o estoque global de carbono e pools de carbono em zonas húmidas de maré. *Nature Communications, 11*(1), 317.

Owusu, V., Ma, W., Renwick, A., & Emuah, D. (2021). O uso de informações climáticas contribui para a adaptação às mudanças climáticas? Evidências do Gana. *Climate and Development,13* (7), 616-629. https://doi.org/10.1080/17565529.2020.1844612

Panibratov, A. (2015). Responsabilidade de estrangeirismo de empresas de mercados emergentes: O efeito do país de origem nas empresas russas de TI. *Journal of East-West Business, 21*(1), 22–40.

Popoola, O. O., Yusuf, S. F. G., & Monde, N. (2020). Sensibilização da política nacional sul-africana de resposta às alterações climáticas: Uma avaliação dos pequenos agricultores no

Município do Distrito de Amathole, Província do Cabo Oriental. *Sustainability (Switzerland),12* (7), 20-24. https://doi.org/10.3390/su12072616

Prina, M. G., Manzolini, G., Moser, D., Nastasi, B., & Sparber, W. (2020). Classificação e desafios dos modelos de sistema de energia de baixo para cima - Uma revisão. *Renewable and Sustainable Energy Reviews,129* , 109917. https://doi.org/10.1016/j.rser.2020.109917

Šakić Trogrlić, R., van den Homberg, M., Budimir, M., McQuistan, C., Sneddon, A., & Golding, B. (2022). Sistemas de alerta precoce e seu papel na redução do risco de desastres. Em *Towards the "perfect" weather warning: bridging disciplinary gaps through partnership and communication* (pp. 11-46). Springer International Publishing Cham.

Savari, M., Zhoolideh, M., & Limuie, M. (2024). Uma análise das barreiras à utilização de serviços de informação climática para construir um sistema agrícola resiliente no Irão. *Natural Hazards, 120*(2), 1395–1419.

Selvaraju, R., Gommes, R., & Bernardi, M. (2011). Ciência climática em apoio à agricultura sustentável e à segurança alimentar. *Investigação sobre o clima, 47*(1–2), 95–110.

Singh, C., Daron, J., Bazaz, A., Ziervogel, G., Spear, D., Krishnaswamy, J., Zaroug, M., & Kituyi, E. (2018). A utilidade da informação meteorológica e climática para a tomada de decisões de adaptação: utilizações actuais e perspectivas futuras em África e na Índia. *Clima e Desenvolvimento,10* (5), 389-405. https://doi.org/10.1080/17565529.2017.1318744

Sintayehu, D. W. (2018). Impacto das alterações climáticas na biodiversidade e nos principais serviços ecossistémicos associados em África: uma revisão sistemática. *Saúde e Sustentabilidade dos Ecossistemas,4* (9), 225-239. https://doi.org/10.1080/20964129.2018.1530054

Sorgho, R., Quiñonez, C. A. M., Louis, V. R., Winkler, V., Dambach, P., Sauerborn, R., & Horstick, O. (2020). Políticas de alterações climáticas em 16 países da África Ocidental: A systematic review of adaptation with a focus on agriculture, food security, and nutrition. *Revista Internacional de Investigação Ambiental e Saúde Pública, 17*(23), 8897.

Sungmin, O., & Park, S. K. (2023). A seca repentina leva ao rápido estresse da vegetação em regiões áridas da Europa. *Environmental Research Letters, 18*(1), 14028.

Tall, A., Coulibaly, J. Y., & Diop, M. (2018). Os serviços climáticos fazem a diferença? Uma revisão das metodologias e práticas de avaliação para avaliar o valor dos serviços de informação climática para os agricultores: Implicações para África. *Serviços climáticos, 11*, 1–12.

Thellufsen, J. Z., Lund, H., Sorknæs, P., Østergaard, P. A., Chang, M., Drysdale, D., Nielsen, S., Djørup, S. R., & Sperling, K. (2020). Cidades inteligentes de energia num contexto de energia 100% renovável. *Renewable and Sustainable Energy Reviews,129* (maio).

https://doi.org/10.1016/j.rser.2020.109922

Vermeulen, S. J., Aggarwal, P. K., Ainslie, A., Angelone, C., Campbell, B. M., Challinor, A. J., Hansen, J. W., Ingram, J. S. I., Jarvis, A., & Kristjanson, P. (2012). Opções de apoio à agricultura e à segurança alimentar no âmbito das alterações climáticas. *Environmental Science & Policy*, *15*(1), 136–144.

Wadoux, A. M.-C., Minasny, B., & McBratney, A. B. (2020). Aprendizado de máquina para mapeamento digital do solo: Aplicações, desafios e soluções sugeridas. *Revisões de Ciências da Terra*, *210*, 103359.

Waiswa, M., Mulamba, P., & Isabirye, P. (2007). Informação climática para a segurança alimentar: Respondendo às necessidades de informação climática dos utilizadores. Em *Climate Prediction and Agriculture: Advances and Challenges* (pp. 225-248). Springer.

Zahay, D., & Griffin, A. (2004). Customer learning processes, strategy selection, and performance in business-to-business service firms. *Decision Sciences*, *35*(2), 169–203.

Zhang, W. (2020). Sistema de monitorização de desastres geológicos e de alerta precoce baseado na análise de grandes volumes de dados. *Jornal Árabe de Geociências*, *13*(18), 946.

Zommers, Z., Lumbroso, D., Cowell, R., Sitati, A., & Vogel, E. (2017). Sistemas de alerta precoce para a redução do risco de catástrofes, incluindo a adaptação às alterações climáticas. In *The Routledge handbook of disaster risk reduction including climate change adaptation* (pp. 429-444). Routledge.

MIX
Papier aus verantwortungsvollen Quellen
Paper from responsible sources
FSC® C105338

Printed by Books on Demand GmbH, Norderstedt / Germany